Die Wärme-Übertragung

Auf Grund der neuesten Versuche für den praktischen Gebrauch zusammengestellt

von

Dipl.-Ing. **M. ten Bosch**
Zürich

Mit 46 Textabbildungen

Springer-Verlag Berlin Heidelberg GmbH

1922

ISBN 978-3-662-27383-8   ISBN 978-3-662-28870-2 (eBook)
DOI 10.1007/978-3-662-28870-2

Vorwort.

Die Gesetze der Wärmeübertragung bilden ein Kapitel der Thermodynamik, das in den Lehrbüchern nicht oder nur sehr stiefmütterlich behandelt wird. Darum herrscht auch in der Praxis im allgemeinen über die in jedem Falle anzuwendenden Konstanten noch große Unsicherheit.

Prof. Dr. Mollier hat Anfang 1897 in der Zeitschrift des Vereines Deutscher Ingenieure den damaligen Stand unseres Wissens über den Wärmedurchgang klargelegt. Hausbrand hat in seinem Buche „Verdampfen, Kondensieren, Kühlen" eine große Anzahl Versuchsergebnisse und Erfahrungszahlen gesammelt. Wenn auch die neuen Versuche und Untersuchungen jeweilen erwähnt und berücksichtigt sind, so kommt der grundlegende Charakter, namentlich der Untersuchungen von Prof. Nusselt darin nicht so zur Geltung, wie es ihrer hohen Bedeutung für die Wärmeübertragung gebührt[1]). Diese Untersuchungen machen nämlich die vielen rein-empirischen Formeln, womit bisher in der Praxis gerechnet wurde, in vielen Fällen überflüssig. Solche Formeln können wohl für bestimmte Fälle und innerhalb enger Grenzen (welche aber meistens gar nicht angegeben werden) die Verhältnisse richtig darstellen, sind aber als allgemein gültige Gesetze unbrauchbar.

Es scheint daher sicher begründet, den gegenwärtigen Stand unseres Wissens über die Wärmeübertragung nochmals zusammenhangend zu erörtern, um dem Konstrukteur, dem es meist an Zeit und Gelegenheit fehlt die neuen Untersuchungen jeweilen zu verfolgen, einen Leitfaden zu geben, welcher ihm beim Entwurf zu selbständigem Denken und Rechnen anregen soll.

Bisher war man immer bestrebt, Erfahrungswerte für die Wärmedurchgangszahlen zu sammeln. In einem Beispiel (Seite 112) ist nun für einen ganz einfachen Fall nachgewiesen, wie aussichtslos es ist, diese Wärmedurchgangszahlen direkt in eine Formel oder Tabelle zu bringen. Eine Einsicht in die ziemlich verwickelten Ver-

---

[1]) Erst kürzlich hat Dr. Gröber die theoretischen Grundlagen der Wärmeübertragung in seinem Buche „Die Grundgesetze der Wärmeleitung und des Wärmeüberganges" (Julius Springer, Berlin) zusammenfassend erörtert. Für alle, welche tiefer in die Theorie einzudringen wünschen, sei dieses Buch bestens empfohlen. Darin sind auch die theoretischen Grundlagen für die Beurteilung der Wärmevorgänge in Mauern, Wärme- und Kältespeicher ausführlich behandelt.

hältnisse wird nur dann erst möglich, wenn die Wärmedurchgangszahlen in ihren, übrigens schon lange bekannten Einzelteilen zerlegt
werden.

Diese Methode hat den bedeutenden Vorteil, daß der Einblick
in den Einfluß der verschiedenen Faktoren gewährt bleibt, was für
den Konstrukteur oft wichtiger ist, als die Kenntnis der genauen
Zahlen selbst. Um die Anwendung zu erleichtern, sind die W.U.Z.
für verschiedene Verhältnisse berechnet und übersichtlich in Kurven-
blättern zusammengestellt. Die berechneten Werte sind in An-
wendungsbeispielen mit Versuchen aus der Praxis verglichen, woraus
deren Brauchbarkeit deutlich hervorgeht. In der Literatur habe ich
für die Kälteindustrie leider keine passende Versuchsresultate gefunden, obschon die Doppelrohrkondensatoren und Verdampfer zum
Vergleich mit der Rechnung besonders gut geeignet wären. Mitteilungen über solche Versuche, auch an Ölkühlern und anderen
Apparaten, wären mir deshalb sehr willkommen. Auch fehlen bei sehr
vielen Veröffentlichungen über Versuchen die Angaben über eine Anzahl Größen, welche bei der Wärmeübertragung eine Rolle spielen,
so daß ein Vergleich der berechneten Werte mit dem Versuchsresultat oft nicht möglich ist. Es ist zu wünschen, daß in Zukunft,
da nun diese Faktoren bekannt sind, die Veröffentlichungen in
dieser Hinsicht vollständiger gemacht werden.

Infolge der großen Anzahl von Faktoren, welche bei der Wärmeübertragung eine Rolle spielen, dürfen Versuchsresultate nur mit
äußerster Vorsicht auf andere Verhältnisse übertragen werden. Zu
diesen Faktoren gehören z. B. die Wärmeleitfähigkeit, Zähigkeit und
die spezifische Wärme. Leider fehlen namentlich über die Abhängigkeit dieser Faktoren von Temperatur und Druck für Flüssigkeiten
und Dämpfe oft zuverlässige Werte. Für die Praxis wäre es also
zu begrüßen, wenn diese durch systematische Versuche genauer festgelegt würde, z. B. ähnlich wie die bekannten Münchner Versuche
die Veränderlichkeit der spezifischen Wärme des überhitzten Wasserdampfes klargelegt haben. Wir verdanken diesem Institut schon
eine große Bereicherung an solchen Zahlenwerten[1]).

Die praktischen Anwendungen der Wärmeübertragung in der
Technik sind außerordentlich zahlreich. In Feuerungsanlagen, in der
keramischen Industrie, für die Dampferzeugung, in Eisenhütten, in
den verschiedensten Apparaten in allen Industriezweigen, in Wohn-
räumen, kurz überall wird Wärme oder Kälte erzeugt oder soll gegen
Wärme oder Kälte geschützt werden.

Schon der bescheidene Umfang dieses Buches verrät, daß eine
vollständige Behandlung aller dabei vorkommenden Fragen nicht
erwartet werden darf, und war es mein Bestreben, nur die Grundgesetze für den Apparatenbau systematisch zu erörtern und die vielen
Versuchsresultate kritisch zusammenzustellen.

---

[1]) Wärmetabellen der Phys.-techn. Reichsanstalt von L. Holborn,
K. Schul und F. Henning. (Friedr. Vieweg & Sohn, Braunschweig.)

Wir stehen erst am Anfang einer neuen Entwicklungsperiode, worin die bisher üblichen Faustregeln und empirische Formeln durch eine Rechnung auf breitere mathematisch physikalischer Grundlage ersetzt werden soll. Es ist auch nicht daran zu zweifeln, daß in kürzerer oder längerer Zeit diese theoretischen Grundlagen durch neue Untersuchungen ergänzt und erweitert werden.

Wenn auch die vorliegende Abhandlung noch nicht für alle Fälle zuverlässige Zahlenwerte angeben kann, so ist doch der Fortschritt gegenüber 1897 bedeutend, und überdies ist jeweilen darauf hingewiesen, in welcher Richtung das vorhandene Material noch ergänzt werden muß, um unser Wissen mit der Zeit systematisch zu vervollständigen.

Zürich, Oktober 1921.

ten Bosch.

Inhaltsverzeichnis.

Verzeichnis der Tabellen.

Buchstabenbezeichnung.

$$t,\ t_m,\ t_w,\ t_l = \text{Temperatur in } {}^0\text{C.}$$
$$T,\ T_m,\ T_w,\ T_l = \text{absolute Temperaturen.}$$
$$\tau = \text{Temperaturdifferenz.}$$
$$\lambda = \text{Wärmeleitzahl.}$$
$$p = \text{Druck.}$$
$$\gamma = \text{spezifisches Gewicht.}$$
$$v = \text{spezifische Volumen.}$$
$$g = \text{Erdbeschleunigung.}$$
$$\eta = \text{Zähigkeitszahl.}$$
$$c,\ c_p,\ c_m = \text{spezifische Wärme,}$$
$$a = \text{Temperaturleitfähigkeit.}$$
$$c_1,\ c_2,\ c_a = \text{Konstanten.}$$
$$Q,\ Q_s = \text{Wärmemenge.}$$
$$\alpha = \text{Wärmeübergangszahl (W.U.Z.).}$$
$$k = \text{Wärmedurchgangszahl.}$$
$$w = \text{Strömungsgeschwindigkeit.}$$
$$\beta = \text{Ausdehnungszahl.}$$
$$l,\ L = \text{Länge.}$$
$$d = \text{Rohrdurchmesser.}$$
$$\delta = \text{Wandstärke.}$$

Wärmeeinheiten.

Die in der Technik gebräuchliche Wärmeeinheit ist die Kilogrammkalorie (kcal), d. i. die Wärmemenge, welche erforderlich ist, um 1 kg Wasser um 1 ^{0} C zu erwärmen, und zwar von 14,5 auf 15,5 ^{0} C oder, was praktisch auf das gleiche hinauskommt, der hundertste Teil der Wärmemenge, welche erforderlich ist, um 1 kg Wasser von 0 auf 100 ^{0} zu erwärmen.

$$1 \text{ kcal} = 1000 \text{ grcal,}$$
$$1 \text{ kcal} = 4{,}1842 \text{ KWsec} = 427 \text{ kgm,}$$
$$1 \text{ KWh} = 860 \text{ kcal,}$$
$$1 \text{ PSh} = 632 \text{ kcal.}$$

1 B.T.U. (British Thermal Unit.) ist die Wärmemenge, welche erforderlich ist, um 1 Pfund Wasser um 1 ^{0} Fahrenheit zu erwärmen.

$$1 \text{ B.T.U.} = 0{,}252 \text{ kcal.}$$

Einleitung.

Die Wärme kann auf drei verschiedene Weisen übertragen werden:

1. durch Strahlung,
2. durch Konvektion,
3. durch Leitung.

1. Die Wärmestrahlung ist ein ähnlicher Vorgang wie die Lichtstrahlung, d. h. sie wird durch Ätherschwingungen ermittelt; daher geschieht die Wärmeabgabe durch Strahlung auch fast momentan. Man bezeichnet speziell als Wärmestrahlen nur diejenigen, welche größere Wellenlängen haben als die sichtbaren Lichtstrahlen.

Wärmestrahlen breiten sich geradlinig aus, und die Intensitäten in verschiedenen Abständen von der Wärmequelle sind den Quadraten dieser Abstände umgekehrt proportional.

Durch die Wärmestrahlen werden gewisse (absorbierende) Körper erwärmt, während andere (diathermane) die Strahlung ohne Erwärmung durchlassen.

Die Größe dieser Wärmeübertragung ist erfahrungsgemäß von folgenden Faktoren abhängig:

a) Von der Beschaffenheit der Oberfläche, d. h. von ihrer Fähigkeit Wärmestrahlen auszusenden, aufzunehmen oder zu reflektieren.

Man bezeichnet die gesamte, von der Flächeneinheit eines Körpers bei einer bestimmten Temperatur gegen einen ihn umschließenden Körper von der absoluten Temperatur 0^0 (-273^0 C), ausgestrahlte Wärmemenge das Emissionsvermögen des Körpers bei dieser Temperatur.

Das Verhältnis zwischen dem Emissions- und dem Absorptionsvermögen ist für alle Körper bei derselben Temperatur dasselbe (Kirchhoffsche Gesetz), oder mit andren Worten alle Körper absorbieren diejenigen Strahlen am meisten, welche sie selbst aussonden.

Die verschiedenen Körper strahlen bei derselben Temperatur pro Flächeneinheit verschiedene Wärmemengen aus. Allgemein ist das Emissionsvermögen eine Funktion der Temperatur und der Wellenlänge.

Das Verhältnis der Emission eines beliebigen Körpers zu der des schwarzen Körpers nennt man das Emissionsverhältnis.

Wärmestrahlen werden von spiegelnden Flächen wie Lichtstrahlen reflektiert; sie können deshalb auch durch Hohlspiegel gerichtet werden, wie es z. B. bei neueren elektrischen Heizkörpern geschieht.

In Übereinstimmung mit der Maxwellschen Lichttheorie zeigen genaue Messungen, daß die nicht reflektierte, also die eindringende Wärme umgekehrt proportional der Wurzel aus dem elektrischen Leitvermögen des Körpers und der Wellenlänge der Strahlen ist. Die guten elektrischen Leiter reflektieren also auch die Wärme am besten.

b) Von der Größe, Form und gegenseitigen Lage der Oberflächen, da sie die Zahl der Strahlen bedingt, die von der einen Oberfläche ausgesandt die andere trifft. Ein Oberflächenelement sendet nach allen Richtungen Strahlen aus, die also durch eine Halbkugel begrenzt werden. Von diesen Strahlen trifft aber nur ein Teil, ein bestimmter Strahlungskegel, den anderen Körper. Das Verhältnis dieses Kegels zu der Halbkugel wird (nach Mollier) das Winkelverhältnis φ genannt. Dieses Verhältnis wird im allgemeinen nicht für alle Flächenelemente gleich sein, doch läßt sich stets ein Mittelwert desselben so bestimmen, daß sein Produkt $\varphi_1 F_1$ die Gesamtzahl der vom ersten dem zweiten Körper zugesandten Strahlen darstellt[1]). Da $\varphi_1 F_1 = \varphi_2 F_2$ sein muß, kann zur Berechnung des Produktes beliebig und nach Bequemlichkeit von jedem der beiden Körper ausgegangen werden. Treffen alle von einem Körper ausgesandte Strahlen den anderen, so ist $\varphi = 1$; dieser einfache Fall kommt in der Praxis aber nicht häufig vor.

c) Von der Durchlässigkeit des die Körper trennenden Mediums für Wärmestrahlen (Diathermansie). Diese Durchlässigkeit ist auch für verschiedene Wellenlängen verschieden, sie steht aber in keiner Beziehung zu der Durchsichtigkeit. In technischen Fällen kommt fast nur Luft oder Heizgas als das, die strahlenden Flächen trennenden Mittel in Frage; beide können praktisch als fast vollkommen diatherman betrachtet werden. Ob die Luft trocken oder mit Feuchtigkeit gesättigt ist, macht keinen großen Unterschied in der Diathermansie; der Einfluß von Kohlensäure ist etwas bedeutender, sie absorbiert höchstens $16\,^0/_0$. In technischen Fällen wird fast nur Luft oder Heizgas als das, die strahlende Flächen trennende Mittel in Frage kommen; beide können als vollkommen diatherman betrachtet werden.

Inwieweit die Wärmestrahlen der Sonne durch Wolken, also durch Wasserdampf absorbiert werden, zeigt folgende Beobachtung im Tiefland der Schweiz[2]).

Tagesstrahlung für Mitte in kcal/m² horiz. Fläche	April	Mai	Juni	Juli	Aug.	Sept.	Okt.
bei wolkenlosem Himmel	4720	5960	6485	6240	5260	3820	2410
bei mittlerer Bewölkung	2300	2800	3200	3400	3160	2180	1300

[1]) Vgl. M. Gerbel, Grundgesetze der Wärmestrahlung (J. Springer, Berlin), worin die Winkelfunktion φ für verschiedene Fälle berechnet ist.
[2]) Schweiz. Bauzeitung 1918, 7. Sept., S. 90.

d) **Von der Temperatur der beiden Oberflächen; sie bestimmen die Intensität der ausgesandten Strahlen.** Stephan fand, daß die von einem Körper pro Zeit- und Flächeneinheit ausgesandte Wärmemenge proportional der vierten Potenz seiner absoluten Temperatur ist:

$$Q = c_1 T^4.$$

worin c_1 eine von der Natur des Körpers allein abhängige Emissionskonstante ist.

Dieses Gesetz gilt genau nur für den absolut schwarzen Körper. Für den einfachsten Fall, daß ein Körper, dessen Oberfläche F die gleichmäßige Temperatur T_1 hat, ganz von Flächen umgeben ist, die ebenfalls eine gleichmäßige Temperatur T_2 haben, ist die ausgestrahlte Wärmemenge pro Stunde:

$$Q_s = c_1 F \cdot \left\{ \left(\frac{T_1}{100}\right)^4 - \left(\frac{T_2}{100}\right)^4 \right\} \text{ kcal/st.} \quad \ldots \ldots \quad (1)$$

Die Konstante c_1 setzt sich aus drei Konstanten zusammen:

$$c_1 = \frac{1}{\dfrac{1}{c_a} + \dfrac{1}{c_b} - \dfrac{1}{c_e}}.$$

worin

$c_a = $ Strahlungskonstante des wärmegebenden Körpers in cal/st/^{0} C.
$c_b = $ „   „ wärmeaufnehmenden „   „   „
$c_e = $ „   ., absolut schwarzen „   .,   .,

Wamsler[1] fand für die Strahlungskonstante von

Lampenruß . . . . . : .	4,44
oxydiertes Schmiedeeisen	4,40
„ Gußeisen . .	4,48
Kalkmörtel	4,30
absolut schwarzen Körper	4,61.

Für technische Zwecke werden oft die Näherungsgleichungen von Rosetti als bequemer empfohlen:

$$Q_s = c_2 F \left\{ \left(\frac{T_1}{100}\right)^2 - 1{,}9 \right\} (t_1 - t_2) \text{ kcal/st, für } t_1 < 250\,^0\text{C.} \quad (1\,\text{a})$$

$$Q_s = c_3 F \left\{ \left(\frac{T_1}{100}\right)^2 - 10 \right\} (t_1 - t_2) \text{ kcal/st, für } t_1 > 250\,^0\text{C.} \quad (1\,\text{b})$$

worin $c_2 = 0{,}5$ und $c_3 = 0{,}75$ zu setzen ist.

Diese Gleichungen sind naturgemäß nur für bestimmte Temperaturen und innerhalb enger Grenzen gültig, so daß es immer zu empfehlen ist, für genaue Rechnungen die Stephan-Boltmannsche Gleichung zu benützen, deren Anwendung auch nicht viel mehr Rechenarbeit verursacht. (Vgl. Abb. 1, berechnet mit $c_1 = 4{,}16$.)

---

[1] Wamsler, Mitteilungen über Forschungsarbeiten Heft 98/99. (Julius Springer, Berlin.)

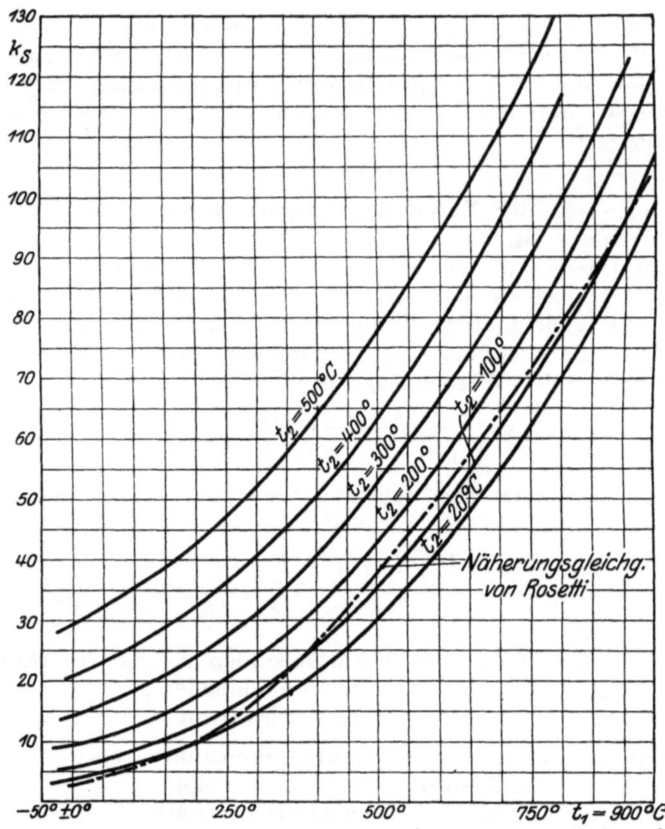

Abb. 1. Wärmeübertragung durch Strahlung. Werte von k_s berechnet mit einem Emissionsverhältnis von 90 °/₀ des absolut schwarzen Körpers, aus

$$Q = 4,16 \left\{ \left(\frac{T_1}{100}\right)^4 - \left(\frac{T_2}{100}\right)^4 \right\} = k_s \left(t_1 - t_2\right) \text{ kcal/m}^2/\text{st.}$$

Für polierte Metallflächen ist das Stephansche Gesetz genau nicht gültig, was bei den Anwendungen zu beachten ist. In

Tabelle 1.

Emissionsverhältnis verschiedener Stoffe.
(Nach Winkelmann, Handbuch der Physik, Bd. 3, S. 416.)

	°/₀		°/₀
Ruß	100	Rauhes Blei	45
Papier	98	Quecksilber	20
Harz	96	Blankes Eisen	19
Siegellack	95	Poliertes „	15
Kronglas	90	Zinn	12
Tusche	85—88	Gold	12
Eis	85	Platin, gewalzt	10,8
Mennige	80	„ poliert	9
Glimmer	80	Silber „	3—9
Graphit	75	Kupfer „	5
Gummilack	72		

Tabelle 1 ist das Emissionsverhältnis verschiedener Stoffe im Vergleich mit der Ausstrahlung von Ruß zusammengestellt, woraus zu sehen ist, daß die Metalle ein sehr kleines Emissionsverhältnis zeigen.

Wenn der strahlende Körper mit einer Schicht eines anderen Stoffes überzogen ist, so ist die ausgestrahlte Wärme auch von der Dicke der angewandten Schicht abhängig. So mußten z. B. auf eine Oberfläche 16 Firnisschichten (zusammen 0,0435 mm) aufgetragen werden, bis die ausgestrahlte Wärme konstant wurde; bei Ruß sogar 25 bis 30 Schichten.

2. Die Wärmeübertragung durch Konvention findet statt bei allen Körpern, deren Teile untereinander verschiebbar sind, also bei Flüssigkeiten und Gasen. Dieser Fall gewinnt nämlich dann an Bedeutung, wenn die Flüssigkeit keine nennenswerte Eigengeschwindigkeit hat. Die wärmeren Teile dehnen sich aus und werden dadurch spezifisch leichter, während die kälteren unter dem Einfluß der Schwere sich abwärts bewegen, und so findet eine direkte Berührung zwischen kälteren und wärmeren Teilen statt. Die theoretische Aufgabe kommt darauf hinaus, die in einer Flüssigkeitsschicht durch Temperaturdifferenzen entstehenden Strömungen mathematisch zu verfolgen. Prof. Nusselt[1]) findet mit Hilfe des Ähnlichkeitsprinzips, allgemein für die Abkühlung eines einzelnen Rohres:

$$\alpha \frac{l_0}{\lambda} = \text{Funktion} \left(\frac{l_0 \gamma (T_w - T_r) \beta}{\eta \cdot g}, \ \frac{\lambda}{c_p \eta \cdot g} \right) \ \ . \ . \ . \quad (2)$$

worin $\gamma =$ spezifisches Gewicht,

$l_0 =$ irgend einer der Hauptabmessungen des Körpers,

$T_w =$ Wandtemperatur,

$T_r =$ Raumtemperatur,

$g =$ Erdbeschleunigung,

$\eta =$ Zähigkeitszahl,

$c_p =$ spez. Wärme,

$\beta =$ Ausdehnungskoeffizient,

$\lambda =$ Wärmeleitzahl.

Durch diese theoretische Untersuchung sind die Grundlagen für weitere systematische Versuche gegeben.

Wenn die Untersuchung auf die freie Strömung in Gasen beschränkt wird, so vereinfacht sich diese Funktion noch, und wird

$$\alpha = \frac{\lambda}{l_0} \text{Funktion} \left\{ \frac{l_0 \gamma^2 (T_w - T_r)}{g \eta^2 T_m} \right\} . \ . \ . \ . \ . \ . \quad (2\,\text{a})$$

Durch Beiziehung einer großen Anzahl Versuche von Kennely, Wright, Bylevelt, Langmuir, Wamsler hat er für diesen Fall auch die Gestalt der Funktion bestimmt. (Vgl. Abb. 32, S. 67.)

3. Die Wärmeübertragung durch Leitung ist eine direkte Übertragung von Moleküle zu Moleküle bei Körpern aller Aggregat-

---

[1]) Das Grundgesetz des Wärmeübergangs, Gesundheitsingenieur 1915, Heft 42. Dr. Gröber, Die Grundgesetze der Wärmeleitung. (Julius Springer, Berlin.)

zustände. Das Grundgesetz der Wärmeleitung wurde zuerst von Fourrier aufgestellt:

$$- d Q = \lambda F \frac{d t}{d x} d z, \quad \ldots \ldots \ldots \quad (3)$$

worin $\lambda =$ Wärmeleitzahl, d. i. die stündlich durch $1\,m^2$ des Körpers im Abstande von 1 Meter übertragene Wärmemenge bei 1^0 C Temperaturunterschied beider Flächen.

In Tabelle 2 sind einige Wärmeleitzahlen für verschiedene Stoffe zusammengestellt. Die Wärmeleitzahlen sind nun keine unveränderliche Zahlen, sondern bei dem gleichen Stoff sowohl von Temperatur, Feuchtigkeit, spezifisches Gewicht usw. abhängig. In der Tabelle sind, im technischen Maßsystem, nur Mittelwerte gegeben, welche für praktische Anwendungen meist genügen werden; wo keine Temperaturen genannt sind, beziehen sich die Werte auf 20^0 C. In den physikalischen Handbüchern ist λ in CGS-Einheiten gemessen; zur Umrechnung im technischen Maßsystem müssen diese Zahlen dann mit 360 multipliziert werden.

Für die Wärmeleitzahlen für Flüssigkeiten siehe S. 101

„　　„　　　　　　„　　　„ Gase　　„ S. 63.

Tabelle 2[1]).

Wärmeleitzahl für verschiedene Stoffe in kcal/qm/st/^{0}C.

Stoff	Gewicht kg/cbm	λ	Stoff	Gewicht kg/cbm	λ
Metalle.			Steinkohle	1200—1500	0,12—0,15
Aluminium	2600—2750	175	Retortenkohle . .		3,7
Blei	11,250—11,370	30	Kreide		0,8
Eisen	7200—7800	40—60	Asphalt	2120	0,6
Gold	19,300	250	Linoleum	1183	0,16
Kupfer	8300—8900	260—340	Korkmentlinoleum	535	0,069
Nickel	8400—8900	50	Ruß		0,03
Messing	8400—8700	70—90	Papier		0,1
Neusilber	8400—8700	51	**Baustoffe.**		
Platin	21,400	60	Holz, senkrecht zur Faser[2])		0,13—0,18
Silber	10,500	360		}500—800	
Zink	6900—7100	95	Holz, parallel zur Faser		0,1—0,32
Zinn	7200—7400	54	Asbestschiefer . .	1780	0,19
Diverse.			Zementholz, natur-trocken	870	0,15
Eis	900	0,8—1,5	Baugips	1250	0,37
Flugasche		0,06	Ziegelmauerwerk[3])		
Kautschuk	1000—2000	0,1—0,2	frisch	1600	0,82
Kesselstein		1—3	trocken	1450	0,45
Glas	2500—3900	0,4—0,8	sehr alt	1850	0,35
Porzellan	2240—2500	0,9			
Graphit	1900—1300	4,2			

[1]) Zusammengestellt aus verschiedenen Veröffentlichungen.

[2]) Für die Abhängigkeit von λ von Temperatur und spez. Gewicht. s. Hencky, Wärmeverlust Abb. 2.

[3]) Für die Wärmeleitzahl von feuerfesten Steinen. vgl. Dr. van Rinsum. Mitteilungen über Forschungsarbeiten Heft 228.

Tabelle 2 (Fortsetzung).

Stoffe	Gewicht kg/cbm	λ	Stoffe	Gewicht kg/cbm	λ
Baustoffe.			Sägemehl	215	0,055
Hohlziegelmauer-			Torfmull, trocken .		0,045
werk		0,28—0,35	„ naturfeucht	160—195	0,055–0,07
Maschinenziegel . .	1650	0,45	Baumwolle	81	
Kalkstein I fein .	1660	0,58	0° C		0,047
„ II grob .	1990	0,8	100° C		0,059
Natursandstein, ge-	2250		Blätterholzkohle .	215	
trocknet	2180	1,1	0° C		0,050
Beton 1:4	2050	0,65	100° C		0,063
1:12 . . .	1690	0,67	Kieselgur, lose . .	350	
Verputz	2500—300	0,68	0° C		0,052
Granit	2400—2700	2,7—3,5	100° C		0,066
Gneis	2700—3200	3,4	200° C		0,074
Basalt	2500—2800	1,2—2,4	300° C		0,078
Marmor		1,8—3,0	Asbest	576	
Hochofenschlacken-	550		0° C		0,130
beton		0,14	100° C		0,167
			200° C		0,180
Wärmeschutz-			300° C		0,186
mittel.			500° C		0,198
Korkmehl 1—3 mm	160		Schafwolle	136	
0° C		0,031	0° C		0,033
100° C		0,048	100° C		0,050
200° C		0,055	Seide	101	
Korkschrot 3—5 mm	85	0,042	0° C		0,038
stark expendiert		0,033	100° C		0,051
Korkplatten . . .	80	0,035	Gebrannter Kiesel-		
	140	0,040	gurformstein . .	200	
	200	0,045	0° C		0,064
	260	0,050	100° C		0,078
	320	0,055	200° C		0,092
	380	0,060	400° C		0,120
Asphaltierter Kork-			Isolierbimmsteine .	630	0,14
stein	197	0,04—0,06			

Die Hauptgleichungen für den Wärmedurchgang.

a) Für die Wärmedurchgangszahl.

Betrachten wir eine Fläche dF eines ebenen, homogenen und isotropen Körpers, von der Dicke δ, und sei $\dfrac{\partial t}{\partial z}$ die Temperaturzu-

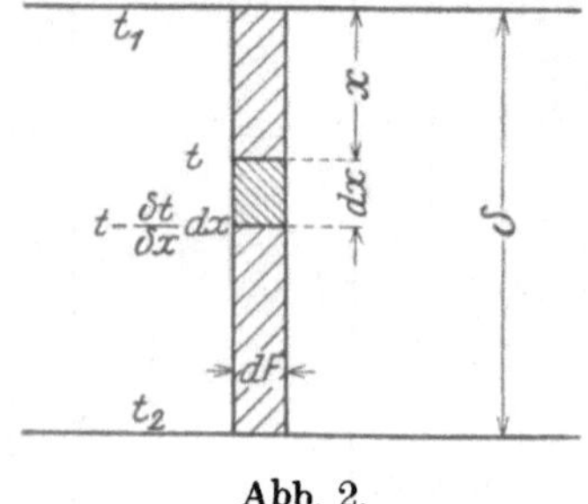

Abb. 2.

nahme in der Zeiteinheit, so ist, wenn

$c =$ konstante spezifische Wärme,

$\gamma =$ spezifisches Gewicht,

die durch das Volumenelement $dF \cdot dx$ aufgenommene Wärme in der Zeit dz

$$- \gamma c \, dF \cdot dx \frac{\partial t}{\partial z} dz.$$

Nach dem Fourrierschen Grundgesetz der Wärmeleitung ist die im Volumenelement eintretende Wärme

$$\lambda \, dF \cdot \frac{\partial t}{\partial x} dz,$$

und die austretende Wärme

$$\lambda \, dF \cdot \frac{\partial}{\partial x} \left(t - \frac{\partial t}{\partial x} dx \right) dz,$$

also die Wärmezunahme

$$- \lambda \, dF \cdot \frac{\partial^2 t}{\partial x^2} dx \, dz.$$

Durch Gleichsetzung beider Wärmenmengen erhalten wir die Differentialgleichung

$$\lambda \, dF \frac{\partial^2 t}{\partial x^2} dx \, dz = \gamma c \, dF \, dx \frac{\partial t}{\partial z} dz$$

oder

$$\lambda \frac{\partial^2 t}{\partial x^2} = \gamma c \frac{\partial t}{\partial z}. \qquad \ldots \ldots \ldots \ldots \quad (4)$$

Warten wir den stationären Zustand ab, dann ist $\dfrac{\partial t}{\partial z} = 0$, also

$$\lambda \frac{\partial^2 t}{\partial x^2} = 0. \qquad \ldots \ldots \ldots \ldots \quad (5)$$

Integriert über die totale Wanddicke δ

$$\lambda\,(t_1 - t_2) = K\,\delta . \quad\ldots\ldots\ldots\ldots\quad (6)$$

Aus dieser Gleichung folgt, daß die Temperatur in einer ebenen Wand sich im Beharrungszustand geradlinig verläuft.

Haben wir nun eine ebene metallische Wandung, welche durch Öl- oder Kesselsteinschicht verunreinigt ist, und welche zwei Flüssigkeiten trennt, deren momentane Temperaturen t_1 und t_2 seien, so läßt sich der totale Widerstand, welcher bei der Wärmeströmung zu überwinden ist, in drei Teile zerlegen:

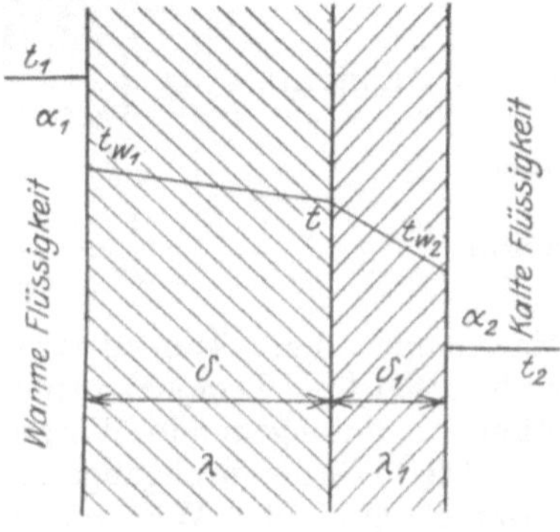

Abb. 3.

1. Übergangswiderstand zwischen warmer Flüssigkeit und Wand $= \alpha_1$.
2. Leitungswiderstand durch Wandung und Verunreinigung.
3. Übergangswiderstand zwischen Wand und kalter Flüssigkeit $= \alpha_2$.

Die Werte α_1 und α_2 nennt man die Wärmeübergangszahlen (W.U.Z.) das sind die Wärmemengen, welche in der Zeiteinheit durch 1 m²-Fläche bei 1° C Temperaturunterschied übergehen. Nach dieser Definition ist also die in der Zeiteinheit durch eine Fläche dF bei einem Temperaturunterschied τ übergehende Wärmemenge $dQ = \alpha \cdot dF \cdot \tau$.

Was den Übergangswiderstand zwischen Metall und dem fest daran haftendem Steinbelag anbelangt, so wurde durch Nusselt[1]) bei seinen Untersuchungen über die Leitfähigkeit von Isolierstoffen nachgewiesen, daß dort kein Temperatursprung vorhanden ist[2]).

Aus der Kontinuitätsgleichung für die Wärmeströmung folgt dann für den Beharrungszustand:

$$dQ = \alpha_1\,dF \cdot (t_1 - t_{w_1}) \quad \text{oder} \quad dQ \cdot \frac{1}{\alpha_1} = (t_1 - t_{w_1})\,dF,$$

$$dQ = \frac{\lambda}{\delta}\,dF(t_{w_1} - t) \quad \text{,,} \quad dQ\,\frac{\delta}{\lambda} = (t_{w_1} - t)\,dF,$$

---

[1]) Z. d. V. D. I. 1908, S. 1003.

[2]) Das trifft nur zu, wenn beide Stoffe sich tatsächlich über die ganze Oberfläche innig berühren, wie es z. B. bei Kesselstein oder auch bei einem Anstrich der Fall ist. Wenn dagegen, wie bei elektrischen Maschinen einzelne, mit Papier beklebte Bleche zu einem Bündel zusammengefaßt werden, so darf wohl eine innige Berührung zwischen Papier und Blech, nicht aber zwischen den einzelnen Blechen angenommen werden. Je nach der Rauheit der Oberflächen und nach der Pressung entsteht ein größerer oder kleinerer zusätzlicher Widerstand, weil in Wirklichkeit nur $^1/_n$ Teil der Oberflächen sich tatsächlich innig berühren. Eine solche Verrengung des Querschnittes für die Wärmeströmung hat eine n-fache Vergrößerung des Widerstandes zur Folge.

$$dQ = \frac{\lambda_1}{\delta_1}\, dF(t - t_{w_2}) \qquad\qquad dQ\,\frac{\delta_1}{\lambda_1} = (t - t_{w_2})\,dF,$$

$$dQ = \alpha_2\, dF(t_{w_2} - t_2) \qquad\qquad dQ\,\frac{1}{\alpha_2} = (t_{w_2} - t_2)\,dF,$$

Durch Addition: $\quad dQ\left\{\dfrac{1}{\alpha_1} + \dfrac{1}{\alpha_2} + \dfrac{\delta}{\lambda} + \dfrac{\delta_1}{\lambda_1}\right\} = (t_1 - t_2)\,dF = \tau\,dF$

oder
$$Q = k\,\tau\,dF, \qquad\qquad\qquad (7)$$

worin
$$\frac{1}{k} = \frac{1}{\alpha_1} + \frac{1}{\alpha_2} + \sum \frac{\delta}{\lambda}. \qquad\qquad (8)$$

Man nennt k die Wärmedurchgangszahl, d. i. die auf die Flächeneinheit bei 1° C Temperaturunterschied zwischen beiden Flüssigkeiten stündlich durchgehende Wärmemenge [kcal/qm/st/$^\circ$ C].

Die Wärmedurchgangszahl ist also aus einer Anzahl Größen zusammengestellt. Wie wir später sehen werden, werden namentlich die W.U.Z. durch sehr viele Faktoren beeinflußt, so daß es im allgemeinen nicht möglich ist, k durch eine unveränderliche Zahl zu ersetzen, oder die Veränderlichkeit von k durch eine einfache Funktion auszudrücken, wie es fast immer versucht wird.

Die Erforschung der Gesetze des Wärmedurchganges erfordert daher unbedingt eine Zerlegung in die drei Hauptbestandteile.

Aus der Gleichung (8) folgt noch, daß die Wärmedurchgangszahl immer kleiner ist als der kleinste der Werte der W.U.Z. Wollen wir also k vergrößern, so müssen die Verbesserungen hauptsächlich an dieser kleinsten W.U.Z. vorgenommen werden. Es ist z. B. von keiner oder nur geringer Bedeutung, die Wärmedurchgangszahl bei Rauchgasvorwärmer durch Vergrößerung der Wassergeschwindigkeit verbessern zu wollen, da der größte Widerstand auf seiten der Rauchgase liegt[1]). Ebenso müssen bei Ölkühlern die Wirbelstreifen auf der Ölseite angebracht werden, usw. Dagegen ist es zwecklos einem in siedendem Wasser liegenden Rohr, wodurch überhitzter Dampf strömt (Z. d. V. D. I. 1912, S. 1946) Rippen zu geben, da die kleinste W.U.Z. sicher beim überhitzten Dampf vorhanden ist.

Die Wandtemperaturen t_{w_1} und t_{w_2} sind für die Berechnung der W.U.Z. von Bedeutung; sie folgen leicht aus obenstehenden Gleichungen.

$$\left.\begin{aligned} t_{w_1} &= t_1 - \frac{k}{\alpha_1}(t_1 - t_2) \\[2ex] t_{w_2} &= t_2 + \frac{k}{\alpha_2}(t_1 - t_2) \end{aligned}\right\} \qquad\qquad (9)$$

Anwendung auf Rohre. Die Gleichung (8) gilt, ihrer Ableitung gemäß, nur für den Wärmedurchgang durch eine ebene Wand.

---

[1]) Vgl. z. B. die Zusammenstellung der Versuchsresultate an Vorwärmern in Hausbrand, Verdampfen, 6. Aufl. S. 25—30. (J. Springer, Berlin.)

Für ein zylindrisches Rohr betrachten wir zweckmäßig ein ringförmiges Volumenelement, und wenn Beharrungszustand vorhanden ist, muß die durch eine Schicht im Abstande r durchgehende Wärme konstant $= dQ$ sein, also:

$$- \lambda\, 2\pi r\, dl\, \frac{dt}{dr} = dQ,$$

$$dt = - \frac{dQ}{\lambda\, 2\pi\, dl} \frac{dr}{r},$$

$$t_{wi} - t = \frac{dQ}{\lambda\, 2\pi\, dl} \ln \frac{r}{r_i}, \quad . \quad . \quad (10)$$

d. h. die Temperaturkurve ist hier eine logarithmische Linie.

Betrachten wir nun wieder den gesamten Durchgang, so muß wegen der Kontinuität der Wärmeströmung:

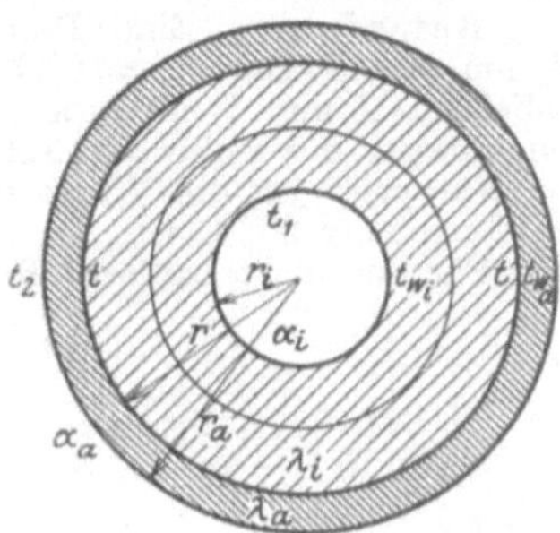

Abb. 4.

$$\frac{dQ}{2\pi r_i \alpha_i} = (t_i - t_{wi})\, dl$$

$$\frac{dQ}{\lambda_i\, 2\pi} \ln \frac{r}{r_i} = (t_{wi} - t)\, dl$$

$$\frac{dQ}{\lambda_a\, 2\pi} \ln \frac{r_a}{r} = (t - t_{wa})\, dl,$$

$$\frac{dQ}{2\pi r_a \alpha_a} = (t_{wa} - t_2)\, dl$$

$$\frac{dQ}{2\pi\, dl} \left\{ \frac{1}{\alpha_i r_i} + \frac{1}{\lambda_i} \ln \frac{r}{r_i} + \frac{1}{\lambda_a} + \ln \frac{r_a}{r} + \frac{1}{\alpha_a r_a} \right\} = t_1 - t_2.$$

Wenn zur Abkürzung der Klammerausdruck wieder mit k bezeichnet wird, ist

$$\frac{Q}{L} = 2\pi \cdot k\, (t_1 - t_2), \quad . \quad . \quad . \quad . \quad . \quad . \quad . \quad (11)$$

worin also

$$\frac{1}{k} = \left\{ \frac{1}{\alpha_i r_i} + \frac{1}{\alpha_a r_a} + \frac{1}{\lambda_i} \ln \frac{r}{r_i} + \frac{1}{\lambda_a} \ln \frac{r_a}{r} \right\}. \quad . \quad . \quad (11a)$$

Die Berechnung der Werte von k ist hier also etwas umständlicher. In vielen praktischen Fällen kann aber der Wärmewiderstand durch Wand und Inkrustierung gegenüber den W.U.Z. vernachlässigt werden. Ist dies der Fall, so kann auch von der einfacheren Gleichung für eine ebene Wand ausgegangen werden, und zwar:

    1. Wenn die W.U.Z. nicht stark voneinander abweichen, ist bei der Berechnung der Fläche ein mittlerer Durchmesser $\frac{d_i + d_a}{2}$ einzusetzen.

2. Sind die W.U.Z. stark verschieden, so ist stets der Durchmesser zu nehmen, wo die kleinere W. U. Z. liegt.

Für starkwandige, isolierte Röhren muß aber immer von der genauen Gleichung für k ausgegangen werden.

Beispiel 1. Eine Dampfleitung von 70/76 mm ϕ wird isoliert mit 10 mm Asbestmasse ($\lambda = 0,175$), dann 15 mm Seidenpolster ($\lambda = 0,047$) und schließlich 15 mm Wellpappe mit Nesseltuch umwunden ($\lambda = 0,09$)[1]. Äußere Durchmesser des isolierten Rohres $= 156$ mm.

Wie groß ist die Wärmeersparnis, wenn $t_d = 160°$ und die Temperatur der Umgebung $20°$ C ist.

Für das nicht isolierte Rohr ist?

$$\frac{1}{k} = \frac{1}{\alpha_i r_i} + \frac{1}{\alpha_a r_a} + \frac{1}{\lambda_i} \ln \frac{r_a}{r_i},$$

$\alpha_i = 10\,000$ (Mittelwert)[2],
$\alpha_a = 15,1$ (Abb. 34, S. 71),
$\lambda_{\text{Eisen}} = 50$.

$$\frac{1}{k} = 1,74 \quad \text{und} \quad k = 0,575 \text{ kcal/m/st/}°\text{C}.$$

Für das isolierte Rohr:

$\alpha_2 = 7$, da niedrigere Oberflächentemperatur und größerer Durchmesser; Einfluß der Strahlung etwas geringer, da helle Oberfläche.

$$\frac{1}{k} = \frac{1}{\alpha_i r_i} + \frac{1}{\alpha_a r_a} + \frac{1}{0,175} \ln \frac{48}{38} + \frac{1}{0,047} \ln \frac{63}{48} + \frac{1}{0,09} \ln \frac{78}{63}$$
$$= 0,003 + 1,83 + 1,34 + 5,8 + 2,38 = 11,35,$$

$k_{\text{isoliert}} = \mathbf{0,085}$ kcal/m/st/$°$ C,

also eine Ersparnis durch die Isolierung von $\dfrac{0,575 - 0,085}{0,575} = 85\%$, was mit dem Versuch gut übereinstimmt.

Die Oberflächentemperatur wird berechnet aus:

$$t_1 - t_{w_i} = \frac{0,003}{11,35} \times 140 = 0°,$$

$$t_{w_i} - t_1 = \frac{1,34}{11,35} \times 140 = 16,6°,$$

$$t_1 - t_2 = \frac{5,8}{11,35} \times 140 = 71,5°,$$

$$t_2 - t_{w_a} = \frac{2,38}{11,35} \times 140 = 29,4°,$$

$$t_{w_a} - t_2 = \frac{1,83}{11,35} \times 140 = 22,5°,$$
$$\overline{t_1 - t_2 \qquad\qquad = 140°} +$$

also $t_{w_a} = 20 + 22,5 = \mathbf{42,5}°$ C, was ebenfalls mit dem Versuch gut übereinstimmt.

Erhält nun diese Isolierung an Stelle der Nesseltuchumkleidung einen isolierten Blechmantel, dann ist α_2 noch kleiner, da der Strahlungsanteil in diesem Fall viel geringer wird (vgl. Beispiel 13, S. 69).

Sei $\alpha_2 = 4$, dann ist für das isolierte Rohr:

$$\frac{1}{k} = 0,003 + 3,2 + 1,34 + 5,8 + 2,38 = 12,72$$

---

[1] Eberle, Z. d. V. D. I. 1908, S. 544.
[2] Eberle findet aus Versuch für ruhenden Dampf viel kleinere Werte $\alpha_2 = 2000$, doch wird das Resultat dadurch nicht beeinflußt.

$$\text{also } k = 0{,}0785 \text{ kcal/m}^2/\text{st}/^0\,C,$$

was einer Ersparnis von $\dfrac{0{,}575 - 0{,}785}{0{,}575} = 86{,}5\,{}^0/_0$ entspricht.

Die Oberflächentemparatur ist zu rechnen aus:

$$t_{w_a} - t_2 = \frac{3{,}2}{12{,}72} \times 140 = 35{,}2^0, \text{ also } t_{w_a} = 45{,}2^0\,C.$$

Trotz höherer Oberflächentemperatur ist der Wärmeverlust hier also geringer[1]). Eine solche Glanzblechverk'eidung wird man allerdings den Kosten halber bei Dampfleitungen kaum verwenden; dagegeu sind solche mit Recht bei Wärmespeichern in Gebrauch.

Der Einfluß des Materials und der Dicke der Wandung kommt in Gleichung (8) deutlich zum Ausdruck. Nehmen wir zunächst eine reine Metallfläche, also

$$\frac{1}{k_0} = \frac{1}{\alpha_1} + \frac{1}{\alpha_2} + \frac{\delta}{\lambda} \; {}^2),$$

so erkennt man sofort, daß dieser Einfluß nicht nur von der Dicke und Leitfähigkeit der Wandung allein abhängt, sondern auch von der absoluten Größe der Zahlen α_1 und α_2.

Für die inkrustierte Fläche wird:

$$\frac{1}{k} = \frac{1}{k_0} + \frac{\delta'}{\lambda'}.$$

Die prozentuale Verkleinerung der Wärmedurchgangszahl hängt also auch hier nicht nur von der Dicke und Art der Verunreinigung, sondern auch von der absoluten Größe der Wärmedurchgangszahl für die reine Fläche ab.

Man darf also nicht allgemein sagen, wie es nur zu oft geschieht, daß durch die Anwendung von diesem und jenem Material oder bei dieser oder jener Verunreinigung die Wärmedurchgangszahl um so oder soviel Prozent sich ändert.

In dem einen Fall kann der Einfluß des Materials, der Wandstärke oder der Verunreinigung ruhig vernachlässigt werden; in einem anderen Fall können diese Faktoren von großer Bedeutung werden.

Das Reinhalten der Oberfläche ist um so wichtiger, je größer die Wärmedurchgangszahl für die reiche Fläche ist.

Das läßt sich am einfachsten an einigen Zahlenbeispielen erläutern.

Beispiel 2.

a) **Wasservorwärmer.**

$\alpha_1 = 10\,000$ (kondensierender Dampf).

$\alpha_2 =$ (für nicht siedendes Wasser, $W = 1$ m/sk, $d = 30$ mm, $l > l_0$, $t_m = 100^0$) nach Abb. 40 $= 2800\,(1 + 1{,}4) = 6720$.

$\dfrac{\delta}{\lambda}$ für Kupferrohr von 1 mm Dicke $= 0{,}000003$,

    „ Eisenrohr   „ 3 „   „ $= 0{,}000055$.

---

[1]) Prof. Knoblauch, Gesundheitsingenieur 1914, S. 509.
[2]) Über die Anwendung dieser Formel auf das Bauwesen vgl. K. Hencky, Die Wärmeverluste durch ebene Wände (R. Oldenbourg, München).

$$\text{Für Kupferrohr} \cdot \frac{1}{k_0} = \frac{1}{10\,000} + \frac{1}{6720} + \frac{0{,}001}{320} = 0{,}002\,53$$

$$k_0 = \mathbf{3050}\,.$$

$$\text{Für Eisenrohr}\quad \cdot\, \alpha_2 = 0{,}85 \times 6720 = 5700$$

$$\frac{1}{k_0} = \frac{1}{10\,000} + \frac{1}{5700} + \frac{0{,}003}{54} = 0{,}003\,30$$

$$k_0 = \mathbf{3000}\,,\ \text{also } 76^0/_0 \text{ des Wertes für Kupferrohr.}$$

Wird diese Oberfläche leicht inkrustiert durch eine Kesselsteinschicht von 0,2 mm Dicke $(\lambda_1 = 2)$, dann ist

$$\frac{1}{k} = \frac{1}{3950} + \frac{0{,}0002}{2} = 0{,}000\,353$$

$$k = \mathbf{2820}\,,\ \text{also } 72^0/_0 \text{ von } k_0 \text{ für Kupferrohr,}$$

$$\frac{1}{k} = \frac{1}{3000} + \frac{0{,}0002}{2} = 0{,}0043$$

$$k = \mathbf{2300}\,,\ \text{also } 77^0/_0 \text{ von } k_0 \text{ für Eisenrohr.}$$

Wird diese Oberfläche nun **stark** inkrustiert durch $3\,{}^1/_4$ mm Kesselsteinschicht und 0,95 mm Oel[1]), dann ist

$$\frac{1}{k} = \frac{1}{k_0} + \frac{0{,}00325}{2} + \frac{0{,}00005}{0{,}1} = 0{,}00246,$$

also $k = 408$, das ist **nur** 18,5 $^0/_0$ von k_0 für Eisenrohr.

b) Nehmen wir nun einen Wasservorwärmer anderen Systems. mit sehr kleinen Wassergeschwindigkeiten.

$$\alpha_1 = 10\,000\,.$$

$$\alpha_2 = (\text{für } W = 0{,}05\,,\quad d = 30 \text{ mm},\quad l > l_0,\quad t_m = 100)$$
$$\text{nach Abb. } 40 = 266 \times 2{,}4\ = 638 \text{ für Messingrohr.}$$
$$= 638 \times 0{,}85 = 540\ \text{\glqq\ Eisenrohr.}$$

$$k_0 = 590 \text{ für Kupferrohr.}$$

$$k_0 = 400\ \text{\glqq\ Eisenrohr, also } 68^0/_0 \text{ des obigen Wertes und mit der gleichen Inkrustierung.}$$

$$k = 385\,,\ \text{also } 96^0/_0 \text{ von } k \text{ für Eisenrohr.}$$

c) **Luftheizungsapparat.**

$$\alpha_1 = 10\,000\,.$$

$$\alpha_2 = \text{für Luft von 1 at, Abb. 30}$$
$$W = 4 \text{ m/sk},\quad t_w = 100,\quad t_m = 40^0\,\text{C};\quad l > l_0,\quad d = 22 \text{ mm}).$$
$$= 6 \times f_{t_w} \times f_{t_m} \times 4^{0{,}8} = 6 \times 1{,}29 \times 0{,}83 \times 3 = \mathbf{19}\,.$$

Der Einfluß des Materials und der Inkrustierung ist hier zu vernachlässigen.

Bis jetzt ist von dem **Einfluß der Strahlung** abgesehen. Nimmt nun die wärmere Seite einer Heizfläche von irgendwelchen Körpern die Wärmemenge Q_{s_1} durch Strahlung auf, und gibt die kältere Seite den Betrag Q_{s_2} in gleicher Weise ab, so gelten mit den früheren Bezeichnungen für die totale durch 1 m² Heizfläche gehende Wärme pro Zeiteinheit:

$$Q = \alpha_1 (t_1 - t_{w_1}) + Q_{s_1} \quad \text{oder} \quad \frac{Q_1 - Q_{s_1}}{\alpha_1} = t_1 - t_{w_1}\,.$$

---

[1]) Vgl. z. B. **Günther**, Versuche an **Speisewasservorwärmern**. Z. d. V. D. I. 1921, S. 1209.

$$Q = (t_{w_1} - t_{w_2}) \sum \frac{\lambda}{\delta} \qquad \cdot\cdot \qquad Q \sum \frac{\delta}{\lambda} = t_{w_1} - t_{w_2},$$

$$Q = \alpha_1 (t_{w_2} - t_2) + Q_{s_2} \qquad \cdot\cdot \qquad \frac{Q - Q_{s_2}}{\alpha_2} = t_{w_1} - t_{w_2}.$$

$$\frac{Q - Q_{s_1}}{\alpha_1} + Q \sum \frac{\delta}{\lambda} + \frac{Q - Q_{s_2}}{\alpha_2} = t_1 - t_2,$$

$$Q \left(\frac{1}{\alpha_1} + \frac{1}{\alpha_2} + \frac{\delta}{\lambda} \right) = t_1 - t_2 + \frac{Q_{s_1}}{\alpha_1} + \frac{Q_{s_2}}{\alpha_2},$$

$$Q = k (t_1 - t_2) + \frac{k}{\alpha_1} Q_{s_1} + \frac{k}{\alpha_2} Q_{s_2}.$$

Nennen wir wie früher $K = \dfrac{Q}{t_1 - t_2} = $ Wärmedurchgangszahl, so ist

$$K = k \left\{ 1 + \frac{\dfrac{Q_{s_1}}{\alpha_1} + \dfrac{Q_{s_2}}{\alpha_2}}{t_1 - t_2} \right\}, \quad \ldots \ldots \ldots \quad (12)$$

worin der Einfluß der Strahlung deutlich zum Ausdruck kommt.

In den meisten technischen Fällen ist $Q_{s_2} = 0$ (Dampfkessel, Heizkörper usw.). Auch ist fast immer in solchen Fällen oft $k \sim \alpha_1$. Unter dieser Voraussetzung sind die Wandtemperaturen

$$\left. \begin{aligned} t_{w_1} &= t_1 - \frac{k}{\alpha_1} (t_1 - t_2) \quad \text{oder} \quad = t_{w_2} + Q \sum \frac{\delta}{\lambda}, \\ t_{w_2} &= t_2 + \frac{k}{\alpha_2} (t_1 - t_2) \end{aligned} \right\} \qquad (9)$$

und wird

$$K = k + \frac{Q_{s_1}}{t_1 - t_2}. \quad \ldots \ldots \ldots \quad (13)$$

Um den Einfluß der Strahlung berechnen zu können, muß natürlich die Temperutur der strahlenden Fläche bekannt sein, welche sich zum voraus nur selten berechnen läßt.

Da die Inkrustierung der Heizfläche auch eine Erhöhung der Oberflächentemperatur zur Folge hat, woraus wieder eine Zunahme der zurückgestrahlten Wärme, namentlich bei hohen Temperaturen folgt, wird hierdurch noch eine neue Abnahme der Wärmedurchgangszahl verursacht.

Beispiel 3. Für einen Dampfkessel sei die Abnahme der Wärmedurchgangszahl infolge Inkrustierung der Heizfläche berechnet.

Die Werte von k sind (siehe Seite 76) veränderlich je nach Temperatur und Geschwindigkeit der Heizgase; für die folgende Rechnung ist $k = 10$ angenommen.

Die Wassertemperatur $t_2 = $ ca. 180^0.

Die Blechwandung sei 18 mm stark ($\lambda = 54$) und mit einer sehr starken Inkrustierung ($\delta = 0,010$; $\lambda = 2$) verunreinigt.

Die Wärmemenge $Q = 10\,(t_1 - t_2) + Q_{s_1}$

$$Q = 10\,(t_1 - t_2) + 4{,}6 \left\{ \left(\frac{T_1}{100}\right)^4 - \left(\frac{T_{w_1}}{100}\right)^4 \right\} \text{ kcal/qm/st/}^0\text{ C}$$

$$t_{w_1} = t_2 + Q \sum \frac{\delta}{\lambda} \left(\text{wobei } \frac{k}{\alpha_2}\,(t_1 - t_2) \text{ vernachlässigt ist}\right),$$

also für reine Wandung.

$$t_{w_1}^{\text{rein}} = 180 + 0{,}0003\,Q\,,$$

$$t_{w_1}^{\text{inkrustiert}} = 180 + 0{,}0053\,Q\,.$$

Das Rechnungsresultat ist in der folgenden Tabelle für die reine und inkrustierte Fläche zusammengestellt und in Abb 5 und 6 übersichtlicher dargestellt.

Q	$\dfrac{Q}{4,6}$	t_{w_1}	$\left(\dfrac{T_{w_1}}{100}\right)^4$	$Q + 4,6\left(\dfrac{T_{w_1}}{100}\right)^4$	$\left(\dfrac{T}{100}\right)^4$	T_1	$T_1 - T_2$	$K = \dfrac{Q}{t_1 - t_2}$
100 000	21 800	710	9330	31 200	30 000	1300	850	118
75 000	15 200	577	5220	20 400	20 000	1180	730	102
50 000	10 900	445	2650	13 500	12 500	1050	600	84
25 000	5 450	312	1170	6 600	6 000	880	430	58
15 000	3 280	260	8.0	4 100	3 600	775	325	46
10 000	2 180	2.33	650	2 800	2 400	700	250	40
100 000	21 800	210	540	22 300	21 000	1200	750	134
75 000	15 200	203	510	15 700	14 500	1100	650	115
50 000	10 900	195	480	11 400	10 000	1000	550	91
25 000	5 450	187	445	5 900	5 000	840	390	64
15 000	3 280	185	440	3 700	3 000	735	285	52,5
10 000	2 180	183	430	2 600	2 000	660	210	48

Der Einfluß von $10\,(t_1 - t_2)$ ist hier nur geschätzt worden.

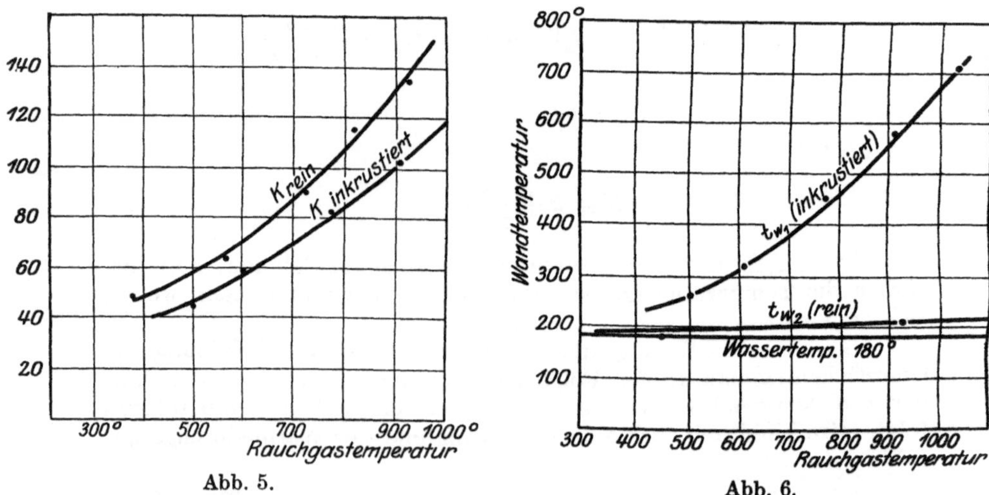

Abb. 5.   Abb. 6.

Der Einfluß der sehr starken Inkrustierung auf die Wärmedurchgangszahl K ist also nicht so groß, wie etwa zu erwarten wäre; aber um so ungünstiger wird dadurch die Wandtemperatur beeinflußt und damit die Festigkeit des Bleches und die Betriebsicherheit des Kessels[1]).

---

[1]) Siehe auch die sehr lesenswerte Abhandlung von Reutlinger. Z. d. V. D. I. 1910, S. 545 und Mitteilungen über Forschungsarbeiten Heft 94.

b) Für die mittlere Temperaturdifferenz.

Bei der Ableitung der Gleichung für die Wärmedurchgangszahl ist die Betrachtung auf ein Flächenelement dF beschränkt, für welches die Temperaturen t_1 und t_2 als unveränderlich angenommen werden dürfen. Im allgemeinen sind die Temperaturen der Flüssigkeiten veränderlich; die warme Flüssigkeit wird sich abkühlen und die kalte sich erwärmen. Die Integration der Gleichung

$$dQ = k\, dF\, \tau \quad \ldots \ldots \ldots \ldots \quad (7)$$

ist nur dann möglich, wenn bekannt ist, wie die Temperaturdifferenz von der Wärmemenge dQ abhängt.

Ändert sich nun in der Zeiteinheit G kg warme Flüssigkeit von der Temperatur t um dt, und G' kg kalte Flüssigkeit von der Temperatur t' um dt', und seien c und c' die als konstant angenommenen spezifischen Wärmen der Flüssigkeiten, so ist die in dieser Zeit abgegebene resp. aufgenommene Wärme

$$dQ = -\,G\,c\,dt = G'\,c'\,dt'.$$

Die Temperaturdifferenz $\tau = t - t'$, also $d\tau = dt - dt'$ und je nachdem die Flüssigkeiten, welche ihre Wärme austauschen, nun in gleicher oder entgegengesetzter Richtung an der Fläche vorbeigeführt werden, (Gleichstrom oder Gegenstrom) wird mit Gleichung (14)

$$d\tau = dt - dt' = -\,dQ\left\{\frac{1}{G\,c} \pm \frac{1}{G'\,c'}\right\},$$

worin das positive Vorzeichen für den Gleichstrom, das negative für den Gegenstrom gilt.

$$d\tau = -\,dQ\left\{\frac{1}{G\,c} + \frac{1}{G'\,c'}\right\}.$$

Wird zur Abkürzung der konstante Klammerausdruck $= \mu$ gesetzt, so ist

$$d\tau = -\,\mu\,dQ \quad \ldots \ldots \ldots \ldots \quad (15)$$

die gesuchte Beziehung zwischen τ und Q, welche zur Integration der Gleichung (7) notwendig ist.

Durch Integration zwischen Anfang- und Endzustand erhält man:

$$\tau_a - \tau_e = \mu\,Q. \quad \ldots \ldots \ldots \ldots \quad (16)$$

Der Wert von dQ aus (7) in (15) einsetzend, wird

$$d\tau = -\,\mu\,k\,\tau\,dF,$$

$$\frac{d\tau}{\tau} = -\,\mu\,k\,dF.$$

Integriert, wenn μ und k für die ganze Fläche unveränderlich angenommen werden dürfen,

$$\ln\frac{\tau_a}{\tau_e} = \mu\,k\,F$$

oder

$$\mu = \frac{1}{k\,F}\ln\frac{\tau_a}{\tau_e}.$$

Dieser Wert von μ in Gleichung (16) eingesetzt,

$$Q = k\,F\,\frac{\tau_a - \tau_e}{\ln\dfrac{\tau_a}{\tau_e}} = k \cdot F \cdot \tau_m, \quad \ldots \ldots \quad (17)$$

worin zur Abkürzung $\tau_m =$ die mittlere Temperaturdifferenz für die ganze Fläche F ist, wenn die Temperaturen t_1 und t_2 sich längs dieser Flächen ändern.

Zur leichteren Berechnung kann die Gleichung (17) noch etwas umgeformt werden, indem für

$$\tau_m = \tau_a\,\frac{1 - \dfrac{\tau_e}{\tau_a}}{\ln\dfrac{\tau_a}{\tau_e}}$$

gesetzt wird, so daß neben τ_a nur noch das Verhältnis $\dfrac{\tau_e}{\tau_a}$ darin vorkommt.

In der Tabelle 3 sind nun für verschiedene Werte von $\dfrac{\tau_e}{\tau_a}$ und für $\tau_a = 1$ die Werte von τ_m ausgerechnet, wodurch die Berechnung der mittleren Temperaturdifferenz sehr erleichtert wird. Für die mittlere Temperaturdifferenz darf also im allgemeinen nicht einfach das arithmetische Mittel der Temperaturunterschiede am Anfang und am Ende der Fläche genommen werden. Die Fehlergröße, welche dadurch entstehen würde, kann aus Tabelle 4 entnommen werden.

Tabelle 3.
Zur Bestimmung der mittleren Temperaturdifferenz.

$\dfrac{\tau_e}{\tau_a}$	τ_m für $\tau_a = 1$	$\sqrt{\dfrac{\tau_e}{\tau_a}}$	$\dfrac{\tau_e}{\tau_a}$	τ_m für $\tau_a = 1$	$\sqrt{\dfrac{\tau_e}{\tau_a}}$
0,0025	0,167	0,05	0,20	0,497	0,44721
0,005	0,188	0,0707	0,21	0,506	0,45826
0,01	0,215	0,10	0,22	0,515	0,46904
0,02	0,251	0,1414	0,23	0,524	0,47958
0,03	0,276	0,1732	0,24	0,533	0,48990
0,04	0,298	0,2	0,25	0,542	0,5
0,05	0,317	0,22361	0,30	0,581	0,54772
0,06	0,336	0,24495	0,35	0,620	0,59161
0,07	0,350	0,26458	0,40	0,655	0,63246
0,08	0,364	0,28284	0,45	0,690	0,67082
0,09	0,378	0,3	0,50	0,722	0,70711
0,10	0,391	0,31623	0,55	0,753	0,74162
0,11	0,403	0,33166	0,60	0,783	0,77460
0,12	0,415	0,34641	0,65	0,812	0,80623
0,13	0,427	0,36056	0,70	0,841	0,83666
0,14	0,438	0,37417	0,75	0,869	0,86603
0,15	0,448	0,38730	0,80	0,897	0,89443
0,16	0,458	0,4	0,85	0,924	0,92195
0,17	0,468	0,41231	0,90	0,950	0,94868
0,18	0,478	0,42426	0,95	0,975	0,97468
0,19	0,488	0,43589	1,0	1,0	1,0

Tabelle 4.

Zur Bestimmung der Fehlergröße, wenn für τ_m das arithmetische Mittel statt dem genauen Wert nach Formel der Tabelle 3 genommen wird.

$\dfrac{\tau_e}{\tau_a}$	1	$^2/_3$	$^1/_2$	$^1/_3$	$^1/_4$	$^1/_5$	0,1	0,01
$\dfrac{\tau_m \text{ (angenähert)}}{\tau_m \text{ (genau)}}$	1	1,014	1,038	1,099	1,154	1,210	1,41	2,35

Für die Bestimmung der mittleren Temperaturdifferenz sind also nur die Anfangs- und Endtemperaturdifferenzen notwendig. Über den näheren Temperaturverlauf der kalten und der warmen Flüssigkeit gibt Gleichung (17) noch keinen Aufschluß. Dieser folgt aus der Differentialgleichung

$$\frac{d\tau}{\tau} = -\mu k F$$

oder

$$\tau = \tau_a e^{-\mu k F} \quad \ldots \ldots \ldots \ldots \quad (18)$$

woraus, wenn μ, k und τ_a bekannt sind, für jeden beliebigen Wert von F die Temperaturdifferenz bestimmt werden kann.

Ist nun die Temperatur der einen Flüssigkeit konstant, z. B. kondensierender Dampf oder siedende Flüssigkeit, so ist damit auch der Temperaturverlauf der anderen Flüssigkeit bestimmt. Man könnte Bedenken dagegen haben, ob in solchen Fällen der abgeleitete Temperaturverlauf überhaupt anwendbar ist, da vorausgesetzt wurde, daß $\mu = \left(\dfrac{1}{Gc} + \dfrac{1}{G'c'}\right)$ konstant sei, während bei kondensierendem Dampf G längs der Kühlfläche abnimmt. In diesem Falle ist aber, wenn $t_c =$ konstante Verflüssigungstemperatur ist, und $r =$ Verdampfungswärme:

$$dQ = G'c'\,dt = k\,dF\,\tau = k\,dF(t_c - t) = Gr,$$

$$\frac{k}{G'c'}\int dF = \int \frac{dt}{t_c - t}.$$

$$C + \frac{k}{G'c'}\,F = \ln(t_c - t),$$

für $F = 0$ $t = t_a$, also $C = \ln(t_c - t_a)$.

$$F = \frac{G'c'}{k}\ln\frac{t_c - t_a}{t_c - t_e} \quad \text{oder} \quad t_c - t_e = (t_c - t_a)\,e^{-\frac{Fk}{G'c'}} \quad . \quad (18\,\text{a})$$

Da $Q = G'c'(t_a - t_e)$, ist diese Beziehung nur ein Spezialfall der allgemeinen Gleichung (18) für $\mu = \dfrac{1}{G'c'}$.

Aus der Gleichung $G'c'\,dt = dQ = Gr$ ist, nachdem der Temperaturverlauf bekannt ist, auch das Dampfgewicht, das kondensiert wird, zu rechnen:

$$dQ = G'c'\,dt = Gr.$$

Wird die kondensierte Flüssigkeit auch noch unterkühlt, so ist an Stelle der Verdampfungswärme die Gesamtwärme einzusetzen.

$$G = \frac{Q}{\lambda}\, \varDelta t.$$

Daß dieser Temperaturverlauf auch tatsächlich vorhanden ist, hat Prof. Josse[1]) durch Versuche an Oberflächenkondensatoren nachgewiesen.

Beispiel 4[2]). Ein Speisewasservorwärmer besteht aus sieben Rohrgruppen von durchschnittlich 24 verzinkten eisernen Rohren 15/17 mm ϕ und 2000 mm Länge, bei einer totalen Heizfläche von 16,11 m². Die Wassergeschwindigkeit in sämtlichen Rohrbündeln ist dieselbe und beträgt bei 12 cbm Speisewasser pro Stunde 0,78 m/sec.

$$\begin{aligned}
&\text{Die Dampftemperatur am Eintritt} \ldots\ldots = 102^{\circ}\,C,\\
&\quad\text{„}\qquad\qquad\text{„}\qquad\text{„ Austritt} \ldots\ldots = 100^{\circ}\,C,\\
&\quad\text{„ Temperatur des Kondensats} \ldots\ldots = 100^{\circ}\,C,\\
&\quad\text{„ Kühlwassertemperatur am Eintritt} \ldots = 15^{\circ}\,C,\\
&\quad\text{„}\qquad\qquad\text{„}\qquad\text{„ Austritt} \ldots = 100,5^{\circ}\,C,
\end{aligned}$$

also $\tau_a = 1,5^{\circ}\,C$

$\tau_e = 100 - 15 = 85^{\circ}\,C$ $\Big\}$ $\dfrac{\tau_a}{\tau_e} = 0,0177$, $\quad \tau_m$ (Tabelle 3) $= 0,24\ \tau_a = \mathbf{20,4^{\circ}}$,

also nicht $\dfrac{85 + 1,5}{2} = 43,2^{\circ}\,C.$

Zur Bestimmung des Temperaturverlaufes:

$$\sqrt{\frac{\tau_e}{\tau_a}} = \sqrt{\frac{1,5}{85}} = \sqrt{0,0177} = 0,133; \quad \tau_1 = 85 \times 0,133 = 11,3^{\circ}\,C,$$

$$\sqrt{\frac{\tau_1}{\tau_a}} = \sqrt{\frac{11,3}{85}} = \sqrt{0,133} = 0,366; \quad \tau_2 = 85 \times 0,366 \doteq 31^{\circ}\,C,$$

$$\sqrt{\frac{\tau_2}{\tau_a}} = \phantom{\sqrt{\frac{11,3}{85}}} \sqrt{0,366} = 0,606; \quad \tau_3 = 85 \times 0,606 = 51,5^{\circ}\,C,$$

$$\sqrt{\frac{\tau_3}{\tau_a}} = \phantom{\sqrt{\frac{11,3}{85}}} \sqrt{0,606} = 0,78; \quad \tau_4 = 85 \times 0,78 = 66,3^{\circ}\,C,$$

$$\phantom{\sqrt{\frac{\tau_3}{\tau_a}} =} \sqrt{0,78} = 0,885; \quad \tau_5 = 85 \times 0,885 = 75,3^{\circ}\,C$$

und

$$\sqrt{\frac{\tau_e}{\tau_1}} = \sqrt{\frac{1,5}{11,3}} = \sqrt{0,133} = 0,366; \quad \tau_6 = 11,3 \times 0,366 = 4,15^{\circ}\,C.$$

Die ganze Rechnung ist rasch nur mit Hilfe des Rechenschiebers zu machen. Natürlich ist der Temperaturverlauf auch mit der Gleichung (18) zu bestimmen.

$$\tau = \tau_a\, e^{-\mu k F}$$

$$\ln \frac{\tau_a}{\tau_e} = \mu k F = \ln \frac{85}{1,5} = \ln 57 = 4,04.$$

$$\text{Für } \frac{1}{2}\,F \quad \tau_1 = 85\, e^{-2,02} = \frac{85}{7,4} = 11,5^{\circ}\,C \text{ (Tabelle 5)}$$

$$\frac{1}{4}\,F \quad \tau_2 = 85\, e^{-1,01} = \frac{85}{2,75} = 31^{\circ}$$

$$\frac{1}{8}\,F \quad \tau_3 = 85\, e^{-0,505} = \frac{85}{1,63} = 51,5^{\circ}$$

$$\frac{1}{16}\,F \quad \tau_4 = 85\, e^{-0,252} = \frac{85}{1,29} = 66,3^{\circ}, \text{ usw.}$$

<hr>

[1]) Z. d. V. D. I. 1909, S. 322.
[2]) Dr. Schneider, Z. d. V. D. I. 1918, S. 311.

Die Übereinstimmung zwischen Versuch und Rechnung ist sehr gut,
vgl. Abb. 7. (+ gerechnete, • gemessene Werte.)

Die Dampfmengen, welche durch jedes Rohrbündel kondensiert werden,
sind ebenfalls in der Abbildung eingetragen.

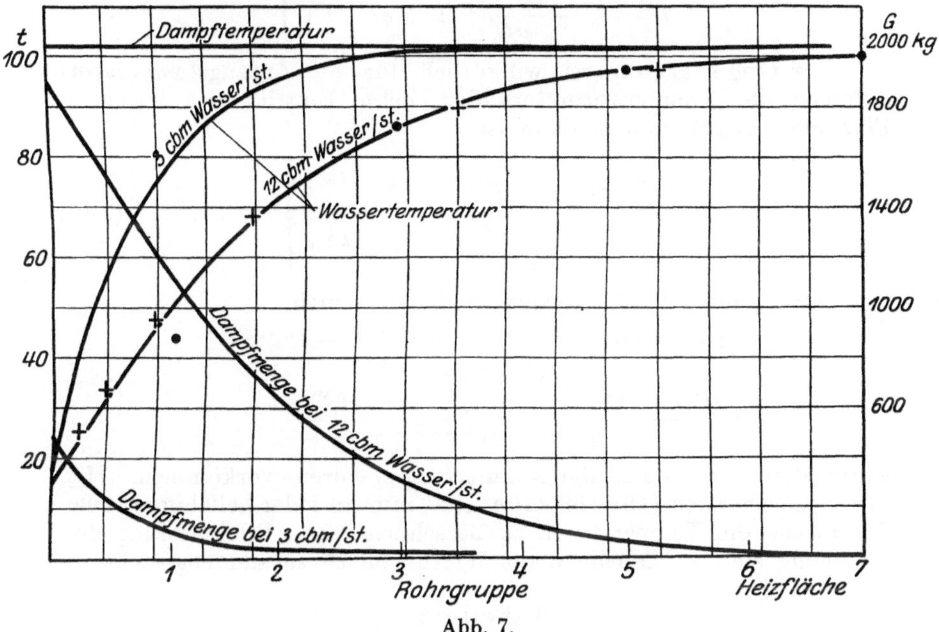

Abb. 7.

Um nun den Temperaturverlauf allgemein zu bestimmen, muß
die Gleichung (18) noch etwas umgeformt werden.

$$1 - \frac{\tau_e}{\tau_a} = 1 - e^{-\mu k F}$$

$$\tau_a - \tau_c = \tau_a \left(1 - e^{-\mu k F}\right).$$

Nach Gleichung (16) ist $\tau_a - \tau_e = \mu Q$, also

$$\mu Q = \tau_a \left(1 - e^{-\mu k F}\right).$$

Und da $Q = G c \left(t_a - t_e\right) = - G' c' \left(t_a' t_e'\right)$ ist, wird

$$\mu G c \left(t_a - t_e\right) = \tau_a \left(1 - e^{-\mu k F}\right)$$

oder

$$\left.
\begin{aligned}
t_e &= t_a - \frac{\tau_a}{\mu G c} \left(1 - e^{-\mu k F}\right) \\
t_e' &= t_a' + \frac{\tau_a}{\mu G' c'} \left(1 - e^{-\mu k F}\right)
\end{aligned}
\right\} \quad \ldots \ldots \quad (19)$$

Je nachdem nun die Flüssigkeiten ihre Wärme in Gleichstrom
oder in Gegenstrom austauschen, hat in dieser Gleichung τ_a einen
anderen Wert.

Für Gleichstrom ist

$$\tau_a = t_a - t_a'$$

und damit

$$t_e = t_a - \frac{t_a - t_a'}{\mu G c}\left(1 - e^{-\mu k F}\right)$$
$$t_e' = t_a' + \frac{t_a - t_a'}{\mu G' c'}\left(1 - e^{-\mu k F}\right) \qquad \Bigg\} \quad \ldots \ldots \quad (19\,\mathrm{a})$$

Für Gegenstrom sei willkürlich für die Anfangstemperaturdifferenz der Temperaturunterschied beim Eintritt der warmen Flüssigkeit angenommen, dann ist

$$t_e = t_a - \frac{t_a - t_e'}{\mu G c}\left(1 - e^{-\mu k F}\right)$$
$$t_e' = t_a' + \frac{t_a - t_e'}{\mu G' c'}\left(1 - e^{-\mu k F}\right) \qquad \Bigg\} \quad \ldots \ldots \quad (19\,\mathrm{b})$$

Durch einige Umformungen ergibt sich auch:

$$t_e = \frac{(G' c' - G c)\, t_a\, e^{-\mu k F} + G' c' t_a'\left(1 - e^{-\mu k F}\right)}{G' c' - G c\, e^{-\mu k F}}$$
$$t_e' = \frac{(G' c' - G c)\, t_a' + G c\, t_a\left(1 - e^{-\mu k F}\right)}{G' c' - G c\, e^{-\mu k F}} \qquad \Bigg\} \quad \cdot \quad (19\,\mathrm{c})$$

worin dann nur noch die Anfangstemperaturen vorkommen. Mit diesen Gleichungen (19 a) bis (19 c) sind nun an jeder beliebigen Stelle der Fläche die Temperaturen zu berechnen. Zur Erleichterung der Rechnung sind in Tabelle 5 die Werte von e^x zusammengestellt.

Tabelle 5.
Werte von e^x.

x	e^x	x	e^x	x	e^x	x	e^x	x	e^x
0	1	0,40	1,492	1,7	5,45	3,3	27,1	4,9	135
0,01	1,010	0,45	1,568	1,8	6,05	3,4	30,0	5,0	149
0,02	1,020	0,50	1,649	1,9	6,63	3,5	33,2	5,1	164
0,03	1,030	0,55	1,733	2,0	7,39	3,6	36,6	5,2	182
0,04	1,041	0,60	1,820	2,1	8,12	3,7	40,5	5,3	201
0,05	1,051	0,65	1,916	2,2	9,03	3,8	44,7	5,4	221
0,06	1,062	0,70	2,013	2,3	9,98	3,9	49,2	5,5	245
0,07	1,072	0,8	2,225	2,4	11,0	4,0	54,7	5,6	270
0,08	1,083	0,9	2,461	2,5	12,2	4,1	60,4	5,7	299
0,09	1,094	1,0	2,718	2,6	13,5	4,2	66,8	5,8	330
0,10	1,105	1,1	3,00	2,7	14,8	4,3	74,0	5,9	365
0,15	1,162	1,2	3,32	2,8	16,4	4,4	81,5	6,0	404
0,20	1,221	1,3	3,60	2,9	18,2	4,5	90,0	6,2	498
0,25	1,284	1,4	4,06	3,0	20,1	4,6	100	6,5	666
0,30	1,350	1,5	4,48	3,1	22,0	4,7	110	7,0	1096
0,35	1,415	1,6	4,95	3,2	24,5	4,8	122		

$$e^{-x} = \frac{1}{e^x}.$$

Für Gleich- und Gegenstrom ist also der Temperaturverlauf verschieden, aber es besteht noch ein andrer Unterschied; beim Gleichstrom bleibt die Ablauftemperatur stets geringer als die niedrigste Temperatur der warmen Flüssigkeit. Beim Gegenstrom dagegen kann die Kühlflüssigkeit mit einer Temperatur ablaufen, welche nur wenig niedriger ist als die höchste Temperatur der warmen Flüssigkeit.

War in beiden Fällen die Anfangstemperatur der Kühlflüssigkeit gleich, so folgt daraus, daß diese sich beim Gegenstrom bedeutend mehr erwärmen kann als bei Gleichstrom, d. h. wir brauchen zum Abführen der gleichen Wärmemenge bei Gegenstrom weniger Kühlflüssigkeit. Diese Apparate sind also wirtschaftlicher.

Das gilt natürlich nur, wenn die Temperaturen beider Flüssigkeiten veränderlich sind. Bei kondensierendem Dampf oder siedender Flüssigkeit ist es für die Wirtschaftlichkeit gleichgültig, ob Gleich- oder Gegenstrom angewandt wird.

Es ist oft aus konstruktiven Rücksichten nicht möglich, diesen aus wirtschaftlichen Gründen anzustrebenden Gegenstrom zu verwirklichen, z. B. bei Rauchgasvorwärmern (Ekonomiser) und Automobilkühlern. Dort bilden die Richtungen, in denen die beiden Flüssigkeiten den Apparat durchfließen, einen rechten Winkel; die Wärme wird im Kreuzstrom ausgetauscht. Die genaue mathematische Lösung dieses Problems[1]) führt zu rechnerisch sehr umständlichen Formeln. Darum sei hierfür eine vereinfachende Annahme gemacht, nämlich, daß die Temperaturen geradlinig verlaufen. Im allgemeinen ist das, wie wir sahen, nicht der Fall, kann aber immer angenommen werden, wenn die Temperaturveränderungen nicht sehr groß sind. In diesem Fall kann als Temperaturdifferenz das arithmetische Mittel angenommen werden und Tabelle 4 gibt darüber Aufschluß, innerhalb welcher Temperatur-Änderungen diese Annahme etwa zulässig wäre.

Dann gilt mit den früheren Bezeichnungen:

$$Q = G\,c\,(t_1 - t_2) \text{ für die warme Flüssigkeit,}$$

$$Q = G'\,C'\,(t_2' - t_1') \text{ für die kalte Flüssigkeit und}$$

$$Q = F\,k\left(\frac{t_1 + t_2}{2} - \frac{t_1 + t_2'}{2}\right) \text{ für die Berechnung der Heizfläche.}$$

Nach einigen Umformungen wird für Kreuzstrom:

$$Q = \frac{t_1 - t_1'}{\dfrac{1}{k\,F} + \dfrac{1}{2\,G\,c} + \dfrac{1}{2\,G'\,c'}} . \qquad \ldots \ldots \quad (21)$$

Für die Praxis ist vielleicht folgende Methode um den Temperaturverlauf zu bestimmen rechnerisch noch etwas einfacher. Da dF von τ unabhängig ist, und solange μ und k als unveränderlich für die ganze Fläche angesehen werden dürfen, folgt aus der Gleichung

---

[1]) Nusselt, Z. d. V. D. I. 1911, S. 2021.

$$\frac{d\tau}{\tau} = -\mu\, k\, dF = \text{konstant} = x$$

oder
$$d\tau = x\,\tau.$$

Das gilt also nur solange die spezifischen Wärmen und die Wärmedurchgangszahl als unveränderlich für die ganze Fläche angenommen werden können.

Teilen wir nun diese Fläche in n gleiche Teile und nennen τ_1, τ_2, τ_3, ..., τ_n die Temperaturdifferenzen am Ende des 1-, 2-, 3-,..., n-ten Teiles, so ist

$$\tau_1 = \tau_a - d\tau = \tau_a - x\tau_a = \tau_a(1-x),$$
$$\tau_2 = \tau_1 - x\tau_1 = \tau_1(1-x) = \tau_a(1-x)^2,$$
$$\tau_3 = \qquad\qquad\qquad = \tau_a(1-x)^3,$$
$$\cdots\cdots\cdots\cdots\cdots\cdots$$
$$\tau_n = \qquad\qquad\qquad = \tau_a(1-x)^n = \tau_e.$$

Aus dieser letzten Gleichung ist x zu rechnen.

$$(1-x)^n = \frac{\tau_e}{\tau_a}, \quad \text{oder} \quad 1-x = \sqrt[n]{\frac{\tau_e}{\tau_a}},$$

also

$$\tau_1 = \tau_a \sqrt[n]{\frac{\tau_e}{\tau_a}},$$

$$\tau_2 = \tau_a \sqrt[\frac{n}{2}]{\frac{\tau_e}{\tau_a}},$$

$$\tau_3 = \tau_a \sqrt[\frac{n}{3}]{\frac{\tau_e}{\tau_a}},$$

$$\cdots\cdots\cdots$$

$$\tau_n = \tau_a \sqrt[\frac{n}{n}]{\frac{\tau_e}{\tau_a}} = \tau_e.$$

Mit Hilfe dieser Gleichungen kann die Temperaturdifferenz am Ende jedes Teiles berechnet werden.

Über die Anzahl Teile n sind keine besondere Vorschriften gemacht worden; die Teile sollen nur gleich sein. Am einfachsten wird die Rechnung also, wenn $n = 2$, also die Gesamtfläche in nur zwei Teile geteilt wird. Dann ist die Temperaturdifferenz in der Mitte:

$$\tau_1 = \tau_a \sqrt{\frac{\tau_e}{\tau_a}}.$$

Um die Rechnung zu erleichtern, sind auch diese Werte $\sqrt{\dfrac{\tau_e}{\tau_a}}$ in Tabelle 3 eingetragen.

Dieses Verfahren kann unbegrenzt wiederholt werden, durch jede Hälfte wieder in zwei Teile zu teilen. Meistens genügen nur wenige Punkte, um den genauen Verlauf der Temperaturdifferenz festzulegen.

Sind die Temperaturen **beider** Flüssigkeiten veränderlich, so genügt diese eine Beziehung noch nicht um den Temperaturverlauf beider Flüssigkeiten zu bestimmen, und muß auch die durchgehende Wärme für jeden Teil aus $Q = k F \tau_m$ gerechnet werden. Mit diesen Werten von Q wird dann die Änderung der Temperatur aus Gleichung (2) berechnet.

Beispiel 5. 2000 Liter Wasser sollen per Stunde von 80° auf 20° C gekühlt werden durch Kühlwasser, das sich von 15 auf 60° erwärmt.

Der Temperaturverlauf beider Flüssigkeiten soll bestimmt werden.

(Wir nehmen stillschweigend an — ohne nähere Untersuchung, ob es zulässig ist —, daß die spez. Wärme und die Wärmedurchgangszahl für die ganze Fläche als konstant angenommen werden darf).

$$Q = 2000\,(80 - 20) = 120\,000 \ \text{cal/st},$$

$$\frac{\tau_e}{\tau_a} = \frac{5}{20} = 0{,}25; \quad \tau_m \ (\text{Tabelle 3}) = 0{,}542\,\tau_a = 10{,}84°\,\text{C},$$

$$k \cdot F = \frac{120\,000}{10{,}84} \sim 11\,100.$$

$$\sqrt{\frac{\tau_e}{\tau_a}} = 0{,}5; \qquad \tau_1 = 10° \qquad \tau_m = 0{,}722\,\tau_a = 14{,}44° \ (\text{Tabelle 3}),$$

$$\sqrt{\frac{\tau_1}{\tau_a}} = \sqrt{0{,}5} = 0{,}707; \quad \tau_2 = 14{,}14° \qquad = 0{,}845\,\tau_a = 16{,}9°,$$

$$\sqrt{\frac{\tau_2}{\tau_a}} = \sqrt{0{,}707} = 0{,}84; \quad \tau_3 = 16{,}8° \qquad = 0{,}903\,\tau_a = 18{,}1°,$$

$$\sqrt{\frac{\tau_3}{\tau_a}} = \sqrt{0{,}84} = 0{,}916; \quad \tau_4 = 18{,}3° \qquad = 0{,}960\,\tau_a = 19{,}2°,$$

$$\sqrt{\frac{\tau_e}{\tau_1}} = \sqrt{0{,}50} = 0{,}707; \quad \tau_5 = 7{,}1° \qquad = 0{,}722\,\tau_1 = 7{,}2°.$$

$$Q_1 = \frac{11100}{2} \times 14{,}44; \quad \varDelta t_1 = \frac{Q}{Gc} = \frac{5550 \times 14{,}44}{2000} = 40°; \quad t_1 = 80 - 40 = 40°,$$

$$\varDelta t_2 = \frac{11\,100}{4} \times \frac{16{,}9}{2000} = 23{,}4°; \quad t_2 = 80 - 23{,}4 = 56{,}6°,$$

$$\varDelta t_3 = \frac{11\,100}{8} \times \frac{18{,}1}{2000} = 12{,}6°; \quad t_3 = 80 - 12{,}6 = 67{,}4°,$$

$$\varDelta t_4 = \frac{11\,100}{16} \times \frac{19{,}2}{2000} = 6{,}6°; \quad t_4 = 80 - 6{,}6 = 73{,}4°,$$

$$\varDelta t_5 = \frac{11\,100}{4} \times \frac{7{,}2}{2000} = 10°; \quad t_5 = 20 + 10 = 30°.$$

Diese wenigen Werte genügen vollständig, den Temperaturverlauf aufzuzeichnen (Abb. 8).

Der Temperaturverlauf kann auch hier mit den Gleichungen (19b) berechnet werden, in welchen nur jeweilen die richtigen Temperaturen einzusetzen sind.

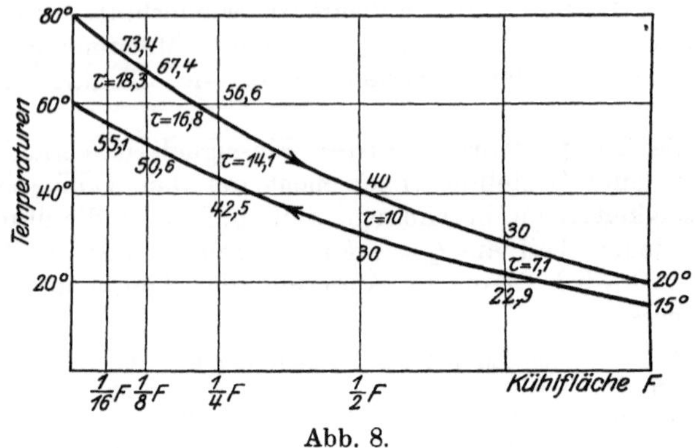

Abb. 8.

$$\mu k F = \ln \frac{\tau_a}{\tau_e} = \ln \frac{20}{5} = 1{,}386.$$

$$G' = \frac{80 - 60}{60 - 15} \times 2000 = 2667 \text{ und damit } \mu = \frac{1}{2000} - \frac{1}{2667} = \frac{1}{8000}.$$

$$\text{Für } \frac{F}{2} \quad t_1 = 80 - \frac{(80 - 60) \times 8000}{2000} (1 - e^{-0{,}693}) = 40^0 \text{ C}$$

$$\frac{F}{4} \quad t_2 = 80 - (80 - 60)4 \times (1 - e^{-0{,}347}) = 56{,}7^0$$

$$\frac{F}{8} \quad t_3 = 80 - 80 (1 - e^{-0{,}173}) = 67{,}5^0$$

$$\frac{F}{16} \quad t_4 = 80 \, e^{-0{,}0865} = 73{,}3^0, \text{ usw.}$$

Und für die kalte Flüssigkeit:

$$\text{Für } \frac{F}{2} \quad t_1' = 15 + \frac{(40 - t_1') \times 8000}{2667} (1 - e^{-0{,}693}), \text{ woraus } t_1' = 30^0 \text{ C}$$

$$\frac{F}{4} \quad t_2' = 30 + \frac{(56{,}7 - t_1') \times 8000}{2667} (1 - e^{-0{,}347}), \text{ woraus } t_2' = 42{,}5^0 \text{ C, usw.}$$

Wie wir später sehen werden, sind die W.U.Z. von einer großen Anzahl Faktoren abhängig, was zur Folge hat, daß die Wärmedurchgangszahlen k meist mit der Fläche veränderlich sind, so daß die gemachte Voraussetzung nicht mehr zutrifft. Dr. Hoefer[1]) hat aus den Abweichungen des tatsächlichen Temperaturverlaufes den Schluß gezogen, daß die durchgehende Wärme nicht mehr mit der Temperaturdifferenz proportional sei, sondern mit irgendeinem Potenz der Temperaturdifferenz. Logischer und auch zweckmäßiger ist es aber diese Abweichungen auf die erwähnte Veränderlichkeit der Wärmedurchgangszahlen zurückzuführen, denn der Exponent ist keine unveränderliche Zahl, wie auch Dr. Hoefer aus einer großen Anzahl Versuchen gefunden hat, sondern eben abhängig von den vielen Faktoren, welche die W.U.Z. beeinflussen.

---

[1]) Mitteilungen aus dem Maschinenlaboratorium der Techn. Hochschule zu Berlin, Heft V.

Diese Veränderlichkeit von k kann dadurch berücksichtigt werden, daß die totale Fläche in eine Anzahl Teile zerlegt wird, für welche die mittleren Wärmedurchgangszahlen als unveränderlich angenommen werden dürfen. Es kommt dann auf eine Wiederholung der Aufgabe hin, bei gegebenen Anfangstemperaturen und bekannten Werten von F, k und c die Endtemperaturen zu bestimmen. Bleibt die eine Temperatur konstant, so ist einfach t_e aus der Gleichung

$$F = \frac{G'\,c'}{k} \ln \frac{t_c - t_e}{t_c - t_a}$$

zu rechnen. Sind beide Temperaturen veränderlich, so sind die Endtemperaturen t_e und t_e' durch die Gleichungen

$$F = \frac{Q}{k\,\tau_m} \quad \text{und} \quad G\,c\,(t_e - t_a) = G'\,c'\,(t_e' - t_a')$$

auch eindeutig bestimmt, welche am einfachsten graphisch zu lösen sind.

Beispiel 6. 2000 Liter Wasser von 80^0 sollen pro Stunde durch 2667 Liter Kühlwasser von 15^0 gekühlt werden. Die totale Kühlfläche $= 20\ \text{m}^2$; $k = 550\ \text{kcal/qm/st/}^0\text{C}$ für die ganze Fläche.

Wie groß sind die Endtemperaturen beider Flüssigkeiten, wenn sie im Gegenstrom aneinander vorbeifließen.

Da die spez. Wärme des Wassers $= 1$ ist, muß

$$2667\,(t_a' - 15) = 2000\,(80 - t_e) = Q$$
$$t_a' = 75 - 0{,}75\,t_e\,.$$

Die mittlere Temperaturdifferenz

$$\tau_m = \frac{\tau_a - \tau_e}{\ln \dfrac{\tau_a}{\tau_e}} = \frac{Q}{k\,F} = \frac{2000\,(80 - t_e)}{550 \times 20}\,,$$

$$\frac{80 - t_a' - t_e + 15}{\ln \dfrac{80 - t_a'}{t_e - 15}} = \frac{20 - 0{,}25\,t_e}{\ln \dfrac{5 + 0{,}75\,t_e}{t_e - 15}} = 0{,}182\,(80 - t_e)\,,$$

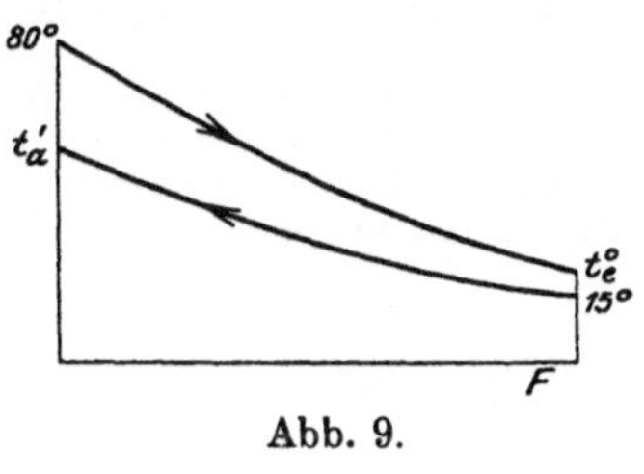

Abb. 9.

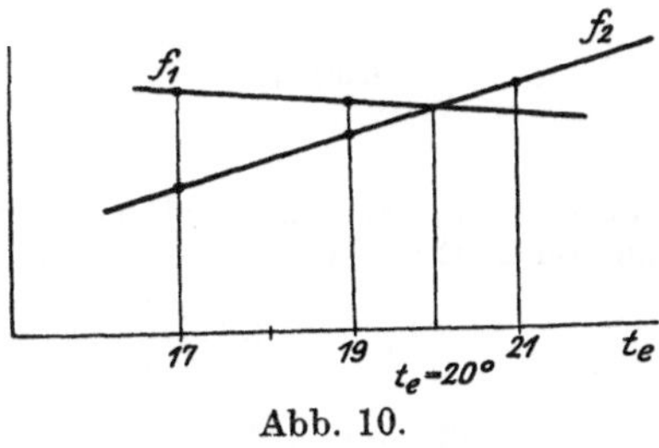

Abb. 10.

also eine Gleichung zur Bestimmung von t_e. Auf jeden Fall muß $t_e > 15^0\text{C}$ sein.

Für $t_e = 17^0$, $\quad f_1 = 0{,}182\,(80 - t_e) = 11{,}4 \quad$ und $\quad f_2 = \dfrac{20 - 0{,}25\,t_e}{\ln \dfrac{5 + 0{,}75\,t_e}{t_e - 15}} = 7{,}22\,,$

$\phantom{\text{Für }} = 19^0, \qquad\qquad f_1 = 11{,}1 \qquad\qquad\qquad\qquad\qquad f_2 = 9{,}7\,,$
$\phantom{\text{Für }} = 21^0, \qquad\qquad = 10{,}7 \qquad\qquad\qquad\qquad\qquad = 11{,}9\,.$

Indem wir beide Funktionen von t_e graphisch auftragen (Abb. 10), finden wir als Wurzel der Gleichung $t_e = 20^0$ und damit $t_a' = 60^0\text{C}$ als die gesuchten Endtemperaturen.

Einfacher ist hier die Temperatur mit Gleichung (19 c) zu berechnen.

$$t_c = \frac{(2667 - 2000)\,80\,e^{-1,386} + 2667 \times 15\,(1 - e^{-1,386})}{2667 - 2000\,e^{-1,386}}$$

$$= \frac{667 \times 80 \times \dfrac{1}{4} + 2667 \times 15 \times \dfrac{3}{4}}{2667 - 2000 \times \dfrac{1}{4}} = 20^{0}\,C.$$

Unstetigkeit im Temperaturverlauf.

Bei der Ableitung der Gleichung für die mittlere Temperaturdifferenz ist noch stillschweigend angenommen, daß beide Temperaturen sich stetig ändern, denn das ist die Voraussetzung für jede Integration. Bei unstetigen Funktionen darf nur bis zur Stetigkeitsgrenze integriert werden.

Dieser Fall kommt in der Praxis sehr häufig vor, z. B. wenn bei kondensierendem Dampf das Kondensat unter der Sättigungstemperatur unterkühlt wird. Ich mache deshalb noch besonders darauf aufmerksam, weil sehr oft dagegen verstoßen wird. Man muß z. B. einen Unterschied dazwischen machen, ob der Dampf infolge Druckverlust am Ende der Heizfläche eine niedrigere Temperatur annimmt, oder ob dieser Temperaturfall durch Unterkühlung des Kondensates verursacht ist.

Abb. 11.

Beispiel 7[1]).

Acht gleiche horizontale Messingrohre (Abb. 11) von 10/12 mm Durchmesser und 3000 mm Länge, gespeist mit Dampf von 111,9⁰ beim Eintritt und 103,2⁰ beim Austritt, verdampfen in einer Stunde 141 Liter Wasser von 23⁰ C bei 100⁰ C. Die gesamte Heizfläche ist 1,8 m².

Hier scheint die Temperaturabnahme des Dampfes durch den Druckverlust verursacht zu sein, wie auch folgende Überschlagsrechnung zeigt. Nach Versuchen von Fritzsche[2]) ist der Druckverlust

$$\varDelta p = 22,5\,\beta\,\frac{G^2}{p \cdot \delta^5}\,l \text{ at (für Niederdruckdampf),}$$

worin:

$G =$ die durchgehende Dampfmenge in kg/st,
$l =$ die Länge der Leitung in m,
$\delta =$ der Durchmesser in mm,
$\beta =$ Erfahrungszahl (Tabelle Hütte 1910, Bd. I, S. 365).

Wenn mit dieser Formel gerechnet wird, so nehmen wir an, daß der Dampf nicht kondensiert; der tatsächlich vorhandene Druckverlust muß hier also kleiner sein als der gerechnete.

---

[1]) Beobachtung Hausbrand, 6. Aufl., S. 96.
[2]) Mitteilungen über Forschungsarbeiten Heft 60.

Zuerst muß also das Dampfgewicht bestimmt werden.

Um 141 kg Wasser von 23.^{0} C bei 100^0 C zu verdampfen sind 141 (639,7 — 23) kcal notwendig. Aus 1 kg Dampf von 111,9^0 C werden, wenn es bis 103,2^0 C kondensiert 644 — 103 = 541 kcal frei (aus den Dampftabellen)

Im ganzen sind also $\dfrac{141\,(639,7 — 23)}{541}$ ~ 160 kg Dampf pro Stunde kondensiert.

Diese strömen anfänglich durch 5 Röhren also pro Rohr rund 32 kg.

$$G = 32 \text{ kg/st},$$
$$\beta = 1,75,$$
$$\delta = 10 \text{ mm},$$
$$l = 3 \text{ m},$$
$$p = 1,5 \text{ at abs.},$$

$$\Delta p = 22,5 \times 1,75 \times \frac{32^2 \times 3}{1,5 \times 100\,000} = \text{rd. } \mathbf{0,8} \text{ at}.$$

Tatsächlich war Δp nur 0,3 at, so daß die Temperaturabnahme gegen Ende der Heizfläche nur durch Druckverlust verursacht ist.

Der Temperaturverlauf ist dann wie in Abb. 12 angedeutet, verläuft also stetig, so daß die allgemeine Formel verwendet werden darf.

$$\frac{\tau_a}{\tau_a} = \frac{3,2}{11,9} = 0,263,$$

$$\tau_w \text{ (Tabelle 3)} = 0,556 \times 11,9 = 6,6^0 \text{ C}.$$

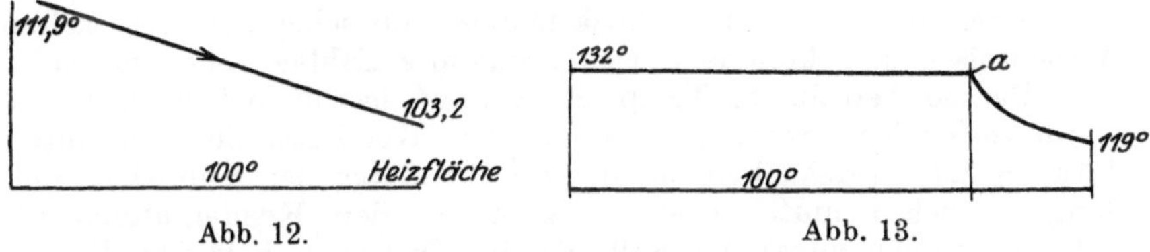

Abb. 12. Abb. 13.

Beispiel 8[1]).

5 Kupferrohre von je 80/86 mm Durchmesser, 4983 mm Länge $+$ 1 Gußkörper 350 mm ϕ, 580 mm hoch und zusammen 7,28 m^2 Heizfläche, mit Dampf von 132^0 geheizt, übertrugen in zwei Stunden 1 147 312 WE an siedendes Wasser. Kondenswasser 119^0 C.

Um den Druckverlust zu berechnen, muß zuerst wieder das durchströmende Dampfgewicht bestimmt werden.

Aus 1 kg Dampf wird (nach Dampftabelle) 647 — 120 = 527 kcal frei. Total sind also

$$\frac{1\,147\,312}{2 \times 527} = 1090 \text{ kg Dampf/Stunde kondensiert.}$$

Diese strömen durch 5 Röhren, also pro Rohr rd. 220 kg.

$$\Delta p = 22,5\,\beta\,\frac{G^2}{p\,\delta^5} \cdot l \text{ kg/cm}^2$$

$$= 22,5 \times 1,3 \times \frac{220^2 \times 4983}{3,4 \times 8^5 \times 100\,000} = 0,00065 \text{ at}.$$

Der Druckabfall ist also zu vernachlässigen und kommt hier tatsächlich eine Unterkühlung des Kondensates vor.

Der Temperaturverlauf ist dann wie in Abb. 13 angedeutet, so daß in a eine Unstetigkeit vorhanden ist. Dadurch wird die Heizfläche in zwei scharf voneinander zu unterscheidende Teile geteilt. Im ersten Teil findet die Wärmeübertragung zwischen kondensiertem Dampf und siedendem Wasser statt; im

---

[1]) Beobachtung Hausbrand, 6. Aufl., S. 85.

zweiten Teil zwischen nicht siedendem und siedendem Wasser. Wie später nachgewiesen ist, sind für beide Fälle die Wärmedurchgangszahlen ganz verschieden.

Solche Beobachtungen sind also zur Bestimmung der Wärmedurchgangszahlen nicht geeignet.

Noch verwickelter liegen die Verhältnisse bei den Kondensatoren. Sowohl bei Wasserdampfkondensatoren, aber namentlich bei den Kondensatoren für Kältemaschinen tritt der Dampf mehr oder weniger stark überhitzt im Kondensator ein.

In bezug auf die Wärmeübertragung sind daher drei scharf voneinander zu trennende Gebiete zu unterscheiden, nämlich:

1. Das Überhitzungsgebiet, worin die Gase bis auf die Sättigungstemperatur heruntergekühlt werden.
2. Das eigentliche Kondensationsgebiet, wo die Verflüssigungstemperatur konstant ist.
3. Die Unterkühlung, wobei das Kondensat weiter heruntergekühlt wird.

Für jedes dieser Gebiete muß mit verschiedenen Wärmedurchgangszahlen gerechnet werden, welche noch von Temperatur, Druck, Geschwindigkeit usw. abhängen, und auch mit verschiedenen Temperaturdifferenzen. Um einen Einblick in diese, nur scheinbar verwickelten Verhältnisse zu bekommen, seien bestimmte Zahlen angenommen.

Der so berechnete Temperaturverlauf ist in Wirklichkeit nur dann vorhanden, wenn die Überhitzung, Kondensation und Unterkühlung auch tatsächlich in dieser Reihenfolge der Kühlfläche entlang geschehen muß. Dies ist z. B. bei den Kondensatoren für Kältemaschinen meist der Fall, da der Dampf sich in den Rohren bewegt, welche durch das Kühlwasser umspült werden. Bei Oberflächenkondensatoren, wie sie bei Dampfmaschinen üblich sind, und wobei das Kondensat frei über die Rohrbündel herunterrieselt, ist eine Unstetigkeit in der Temperaturkurve nicht immer vorhanden.

Beispiel 9.

Bei einem Kondensator einer Ammoniakkältemaschine sei:
die Temperatur der Ammoniakgase am Eintritt = 80° C,
die Verflüssigungstemperatur = 25° C.

Das Kühlwasser trete mit 15° C ein und mit 22° C aus.

Die Unterkühlung sei bis 2° C über Kühlwassereintrittstemperatur ausgedehnt. (Abb. 14.)

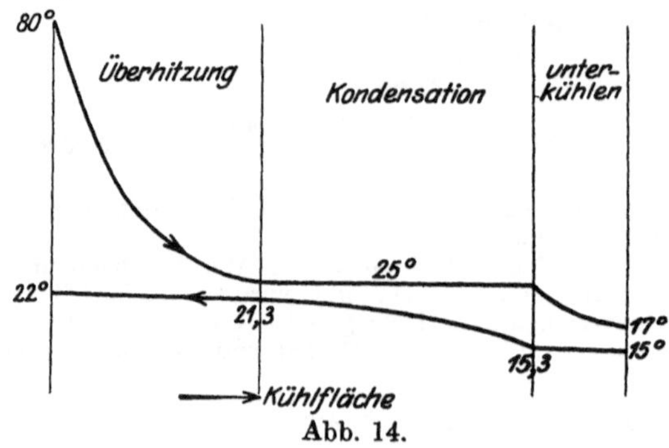

Abb. 14.

Mit diesen Annahmen und mit Hilfe einer Entropietafel[1]) kann für jede der drei Gebiete die abzuführende Wärmemenge prozentual gerechnet werden.

Wärmeinhalt am Eintritt im Kondesator   339 kcal/kg
   „   „   Anfang der Kondensationsperiode 308   „
   „   „   Ende   „   „   29   „
   „   „   Austritt des Kondensators   17   „

Es müssen also abgeführt werden:

$$\begin{array}{lll}
\text{im Überhitzungsgebiet} & 31 \text{ kcal oder} & 9{,}65\,\%\\
\text{beim Kondensieren} & 279 \ \ „ & „ \ \ 86{,}6\,\%\\
\text{bei der Unterkühlung} & 12 \ \ „ & „ \ \ 3{,}75\,\%\\
\hline
\text{total} & 322 \text{ kcal oder} & 100\,\%\,.
\end{array}$$

Seien k_1, k_2, k_3 die Wärmedurchgangszahlen,
      τ_1, τ_2, τ_3 die mittleren Temperaturdifferenzen,
      Q_1, Q_2, Q_3 die Wärmemengen,
      F_1, F_2, F_3 die Kühlflächen für die drei Gebiete, dann ist
      $Q = Q_1 + Q_2 + Q_3$ die Gesamtwärme und
      $F = F_1 + F_2 + F_3$ die gesamte Kühlfläche.

Dann ist:

$$Q_1 = k_1\,F_1\,\tau_1 = 0{,}0965\,Q \qquad \text{oder} \qquad F_1 = \frac{0{,}0965}{k_1\,\tau_1}\,Q,$$

$$Q_2 = k_2\,F_2\,\tau_2 = 0{,}866\,Q \qquad „ \qquad F_2 = \frac{0{,}866}{k_2\,\tau_2}\,Q,$$

$$Q_3 = k_3\,F_3\,\tau_3 = 0{,}0375\,Q \qquad „ \qquad F_3 = \frac{0{,}0375}{k_3\,\tau_3}\,Q,$$

$$F = Q\left\{\frac{0{,}0965}{k_1\,\tau_1} + \frac{0{,}866}{k_2\,\tau_2} + \frac{0{,}0375}{k_3\,\tau_3}\right\}\,\mathrm{m}^2.$$

Aus dieser Formel wäre die Kühlfläche zu rechnen, sobald die Werte von k und τ bekannt sind.

Die Werte von τ sind aus den angenommenen Wasser- und Ammoniaktemperaturen zu rechnen. Zuerst sind aber noch die Wassertemperaturen am Anfang und am Ende der eigentlichen Kondensierungsperiode zu bestimmen. Da die Kühlwassermenge für die ganze Kühlfläche konstant ist, muß die Temperaturzunahme in jedem Abschnitt der durchgehenden Wärmemenge proportional sein, also für

    die Überhitzung $9{,}65\,\%$ von $(22^0 - 15^0) = 0{,}675^0 \sim 0{,}7^0$,
    „ Unterkühlung $3{,}75\,\%$ „ 7^0 $= 0{,}262^0 \sim 0{,}3^0$.

Mit Hilfe der Tabelle 3 sind dann die entsprechenden mittleren Temperaturdifferenzen zu rechnen.

$$\tau_1 = 0{,}343 \times 5{,}6 \sim 19{,}1^0,$$
$$\tau_2 = 0{,}642 \times 9{,}7 \sim 6{,}2^0,$$
$$\tau_3 = 0{,}503 \times 9{,}7 \sim 4{,}9^0.$$

Diese mittleren Temperaturdifferenzen sind also nur von den angenommenen Temperaturen und nicht von der Kondensatorgröße abhängig, was die Berechnung der verschiedenen Größen sehr vereinfacht.

Die Bestimmung der Wärmedurchgangszellen k_1, k_2 und k_3 wird später erörtert. (Beispiel 17.)

In der Praxis ist es allgemein üblich, für die Berechnung der Kondensatoren eine mittlere Belastung pro m^2 Kühlfläche anzunehmen, welche den Klammerausdruck in obenstehende Gleichung für Q ersetzen soll. Diese Rechnung mit mittleren Koeffizienten verschließt aber vollständig die Einsicht in die tatsächlichen Verhältnisse und damit auch in die Nützlichkeit der verschiedenen Verbesserungsvorschläge an Kondensatoren.

---

[1]) Prof. O ster ta g, Die Berechnung der Kältemaschinen. (J. Springer, Berlin.)

Berücksichtigung der Strahlung.

Es darf auch nicht übersehen werden, daß der in Gleichung (18) (Seite 19) ausgedrückte Temperaturverlauf nur bei Vernachlässigung der Strahlungswärme gilt. Bei Kesselanlagen, wo die Wärmeübertragung durch Strahlung eine Hauptrolle spielt, kann der Temperaturverlauf andere Gesetze folgen. So hat z. B. Prof. Köchy[1]) nachgewiesen, daß für diesen Fall die Wärmeübertragung dem Quadrat des Temperaturunterschiedes zwischen Heizgasen und Kesselwasser proportional ist. Es handelt sich hier aber um eine rein empirische Näherungsgleichung, deren Anwendung auf ähnliche Kesselanlagen beschränkt bleibt und nicht um ein allgemein gültiges Gesetz.

Wenn die Strahlung berücksichtigt werden soll, wie z. B. bei Kesselanlagen, darf k in der Gleichung $\dfrac{d\tau}{\tau} = -\mu K dF$ nicht mehr unabhängig von der Temperaturdifferenz angenommen werden, wenn K den aus Gleichung (12) oder (13) berechneten Wert hat. Dann wird:

$$\ln \tau + C = -\mu \int K dF.$$

Für $F = 0$, $\tau = \tau_a$, also $C = -\ln \tau_a$

$$\ln \frac{\tau}{\tau_a} = -\mu \int K dF$$

$$\tau = \tau_a e^{-\mu \int k dF} \quad . . . . (22)$$

Da die Abhängigkeit zwischen k und dF allgemein nicht angegeben werden kann, sondern von den jeweilen vorliegenden Verhältnissen abhängt, läßt sich der Temperaturverlauf allgemein nicht berechnen[2]).

Mit der Zeit veränderlicher Wärmeaustausch. Bei der Ableitung der Gleichung (17) für die mittlere Temperaturdifferenz und Gleichung (18) für den Temperaturverlauf ist von dem stationären Zustand ausgegangen, d. h. von der Voraussetzung, daß die Temperaturen von der Zeit unabhängig sind. Trifft das nun nicht zu, so können diese Gleichungen aber immer auf eine unendlich kleine Zeit angewandt werden, für welche Zeit die Temperaturen dann als unveränderlich zu betrachten sind.

Die Gleichung (7) geht dann über in

$$d^2 Q = k dF \tau dz . . . . (7\,\text{a})$$

Ändert sich nun in dieser Zeit dz G kg warme Flüssigkeit von der Temperatur t um dt, und G' kg kalte Flüssigkeit von der Temperatur t' um dt', so ist die in dieser Zeit dz ausgetauschte Wärme

---

[1]) Z. d. V. D. I. 1912, S. 520 und 1913, S. 2070.

[2]) G. Strahl hat in die Z. d V. D. I. 1917, S. 257 für Lokomotivkessel die Temperaturkurve berechnet, indem er für $K = \varphi k$, und $k = a + b(t - t_w)$ setzt, worin a, b und φ für die ganze Heizfläche konstant sein sollen, und nur mit der Rostanstrengung veränderlich wäre. Dies trifft (vgl. S. 79) genau nicht zu, und seine Temperaturkurve ist nur für ähnliche Lokomotivkessel anwendbar.

$$d^2Q = G\,c\,dt\,dz = G'\,c'\,dt'\,dz,$$

$$d\tau = dt - dt' = -\frac{d^2Q}{dz}\left(\frac{1}{Gc} \pm \frac{1}{G'c'}\right),$$

$$d\tau = -\mu\,d^2Q, \quad\ldots\ldots\ldots\ldots\ldots\ldots\ldots \quad (15\,\mathrm{a})$$

und $\qquad \tau_a - \tau_e = \mu\,dQ. \quad\ldots\ldots\ldots\ldots\ldots\ldots \quad (16\,\mathrm{a})$

Die Verbindung der Gleichungen (7a) und (15a) gibt:

$$\frac{d\tau}{\tau} = -k\,\mu\,dF\,dz.$$

Wenn μ und k für die ganze Fläche konstant sind, folgt durch Integration über diese Fläche für die Zeit dz:

$$\ln\frac{\tau_a}{\tau} = k\,\mu\,F\,dz, \qquad \text{oder} \qquad \tau = \tau_a\,e^{-k\mu F dz} \quad\ldots \quad (18\,\mathrm{b})$$

und mit Gleichung (16a)

$$dQ = kF\tau_m\,dz,$$

worin $\qquad\qquad \tau_m = \dfrac{\tau_a - \tau_e}{\ln\dfrac{\tau_e}{\tau_a}}$

und damit $\qquad\qquad Q = kF\displaystyle\int \tau_m\,dz. \quad\ldots\ldots\ldots\ldots \quad (12\,\mathrm{a})$

Um nun diese Gleichung integrieren zu können, sollte bekannt sein, wie τ_m von der Zeit abhängig ist. Wird nun die Gesamtzeit in n gleiche Teile geteilt, so daß $dz = \dfrac{z}{n}$, und seien $\tau_1, \tau_2, \tau_3, \ldots, \tau_n$ die Temperaturdifferenzen am Ende des $1, 2, 3, \ldots, n$-ten Teiles, dann ist $e^{-k\mu F dz} = p$ für alle Zeitelemente unveränderlich, und

$$\tau = p\,\tau_a,$$
$$\tau_2 = p\tau_1 = p^2\tau_a,$$
$$\cdot\quad\cdot\quad\cdot\quad\cdot\quad\cdot\quad\cdot\quad\cdot$$
$$\tau_n = p^n\tau_a = \tau_e,$$

oder $\qquad\qquad a^n = \dfrac{\tau_e}{\tau_a}$

und $\qquad\qquad \tau_m = \tau_a\dfrac{1 - p^n}{\ln\dfrac{1}{p^n}} = \tau_a\dfrac{1 - e^{-\mu k F z}}{\mu\,k F z}.$

Das ist nun die gesuchte Beziehung zwischen τ_m und z, welche für die Integration der Gleichung (12a) notwendig ist. Damit wird

$$Q = kF\tau_a\int_0^z \frac{1 - e^{-\mu k F z}}{\mu\,k F z}\,dz$$

$$= kF\tau_a\int_0^z \frac{dz}{\mu k F z} + kF\tau_a\int_0^z \frac{e^{-\mu k F z}}{\mu k F z}\,dz.$$

Die Lösung des zweiten Integrals ist nur durch Reihenentwicklung möglich, welche Reihe aber nicht immer konvergiert.

Um also die Wärmemenge Q praktisch bestimmen zu können, muß der Temperaturverlauf beobachtet werden. Wenn das nun nicht geschehen ist und nur die Endtemperaturen bekannt sind, so kann doch unter vereinfachenden Annahmen die mittlere Temperaturdifferenz annähernd bestimmt werden.

Erste Annäherung: Geradliniger Verlauf der Temperaturdifferenzen mit der Zeit, dann ist $(\tau_m)_m = \dfrac{(\tau_m)_a + (\tau_m)_e}{2}$.

Zweite Annäherung: Logarithmischer Verlauf der Temperaturdifferenzen mit der Zeit, und zwar nach dem gleichen Gesetze, wie die Temperaturen sich im Verlauf der Fläche ändern. Dann ist aus $\dfrac{(\tau_m)_e}{(\tau_m)_a}$ mit Hilfe der Tabelle 3 $(\tau_m)_m$ zu bestimmen. Diese Methode ist im allgemeinen viel genauer, doch es darf nicht vergessen werden, daß es sich auch hier um eine Näherungsmethode zur Lösung des Integrals $\int \tau_m \, dz$ handelt.

Der Temperaturverlauf kann aber auch oft berechnet werden. Aus Gleichung (18a) folgt nämlich, daß für unendlich kleine Zeiten dz dieselben Gleichungen für den Temperaturverlauf gelten, wie früher für die stationäre Strömung gefunden wurden. Es bestehen also auch die Beziehungen:

$$\left.\begin{aligned}
t_e &= t_a - \frac{\tau_a}{\mu\,G\,c}\left(1 - e^{-\mu k F dz}\right), \\[2ex]
t_e' &= t_a + \frac{\tau_a}{\mu\,G'\,c'}\left(1 - e^{-\mu k F dz}\right),
\end{aligned}\right\} \quad \ldots \ldots \quad (19\,\mathrm{d})$$

worin dann, je nachdem die Flüssigkeiten ihre Wärme in Gleich- oder Gegenstrom austauschen, der entsprechende Wert von τ_a einzusetzen ist.

Teilen wir nun wieder die ganze Zeit in n gleiche Teile, so hat für jeden dieser Teile $e^{-\mu k F dz}$ einen unveränderlichen Wert, so daß

$$\frac{1 - e^{-\mu k F dz}}{\mu\,G\,c} = a$$

und

$$\frac{1 - e^{-\mu k F dz}}{\mu\,G'\,c'} = b$$

gesetzt werden kann. Damit wird

und
$$\left.\begin{aligned}
t_e &= t_a - a\,\tau_a \\[2ex]
t_e' &= t_a + b\,\tau_a.
\end{aligned}\right\} \quad \ldots \ldots \ldots \quad (19\,\mathrm{e})$$

Für Gleichstrom ist $\tau_a = t_a - t_a'$, also, wenn t_a' für die ganze Zeit konstant ist,

$$t_{e_1} = t_a - a(t_a - t_a') = t_a - a t_a + a t_a' = t_a(1-a) + a t_a',$$

$$t_{e_2} = t_{e_1} - a(t_{e_1} - t_a') = t_{e_1}(1-a) + a t_a'$$
$$= (1-a)\{t_a(1-a) + a t_a'\} + a t_a' = t_a'(1-a)^2 + t_a'\{a(1-a)+a\}$$
$$= (1-a)^2 t_a' + a t_a'\{(1-a)+1\},$$

$$t_{e_3} = t_{e_2} - a(t_{e_2} - t_{a_1}') = t_{e_2}(1-a) + a t_a'$$
$$= (1-a)[(1-a)^2 t_a + a t_a'\{(1-a)+1\}] + a t_a'$$
$$= (1-a)^3 t_a + a t_a'\{(1-a)^2 + (1-a)+1\},$$

$$t_{e_4} = (1-a)^4 t_a + a t_a'\{(1-a)^3 + (1-a)^2 + (1-a)+1\},$$

$$\cdot \ \cdot \ \cdot \ \cdot \ \cdot \ \cdot \ \cdot \ \cdot \ \cdot \ \cdot \ \cdot \ \cdot \ \cdot \ \cdot \ \cdot \ \cdot \ \cdot \ \cdot \ \cdot$$

$$t_{e_n} = t_e = (1-a)^n t_a + a t_a' \sum_{n=0}^{n-1} (1-a)^{n-1}$$

$$= (1-a)^n t_a + t_a' \frac{1-(1-a)^n}{1-(1-a)} = (1-a)^n t_a + t_a'\{1-(1-a)^n\}. \quad (20)$$

Ist auch t_a' mit der Zeit veränderlich, so kann, wenn die gesetzmäßige Veränderlichkeit bekannt ist, in dieser Ableitung für jedes Zeitelement jeweilen der entsprechende Wert von t_a' eingesetzt werden.

Ebenso folgt für:

$$t_{e_1}' = t_a' + b(t_a - t_a') = t_a'(1-b) + b t_a,$$

$$t_{e_2}' = t_a' + b\{(1-a) t_a + a t_a' - t_a'\}$$
$$= t_a' - b(1-a) t_a' + b(1-a) t_a$$
$$= t_a'\{1 - b(1-a) + b t_a(1-a),$$

$$t_{e_3}' = t_a' + b[(1-a)^2 t_a + a t_a'\{(1-a)+1\} - t_a']$$
$$= t_a'[1 + a b\{(1-a)+1\} - b] + b(1-a)^2 t_a,$$

$$\cdot \ \cdot \ \cdot \ \cdot \ \cdot \ \cdot \ \cdot \ \cdot \ \cdot \ \cdot \ \cdot \ \cdot \ \cdot \ \cdot \ \cdot \ \cdot$$

$$t_{e_n}' = t_e' = t_a' + b[(1-a)^n t_a + t_a'\{1-(1-a)^n\} - t_a']$$
$$= t_a'\{1 - b(1-a)^n\} + b t_a(1-a)^n. \quad \quad (20\mathrm{b})$$

Für Gegenstrom ist $\tau_a = t_a - t_e'$. Wird zur Abkürzung

$$\frac{(G'c' - Gc) e^{-\mu k F dz}}{G'c' - Gc\, e^{-\mu k F dz}} = A$$

und

$$\frac{G'c'(1 - e^{-\mu k F dz})}{G'c' - Gc\, e^{-\mu k F dz}} = B$$

gesetzt, so ist mit Gleichung (19c)

$$t_{e_1} = A t_a + B t_a',$$
$$t_{e_2} = A(A t_a + B t_a') + B t_a' = A^2 t_a + B t_a'(A+1),$$
$$t_{e_3} = A\{A^2 t_a + B t_a'(A+1)\} + B t_a' = A^3 t_a + B t_a'(A^2 + A + 1),$$

$$\cdot \ \cdot \ \cdot \ \cdot \ \cdot \ \cdot \ \cdot \ \cdot \ \cdot \ \cdot \ \cdot \ \cdot \ \cdot \ \cdot \ \cdot \ \cdot \ \cdot$$

$$t_e = t_{e_n} = A^n t_a + B t_a'(A^{n-1} + A^{n-2} + \ldots + A^2 + A + 1)$$

$$= A^n t_a + B t_a' \frac{1 - A^n}{1 - A}. \quad \quad (20\mathrm{c})$$

Auf ähnliche Weise kann auch noch die Temperatur t_e' berechnet werden.

Mit den Gleichungen 20a bis c ist dann der Temperaturverlauf beider Flüssigkeiten festgelegt, so daß die Lösung des Integrales $Q = kF\int \tau_m dz$ entweder durch Planimetrierung der Fläche oder durch eine der früher erwähnten Näherungsmethoden möglich ist.

Ähnlich wie bei der stationären Strömung kann aber auch die Zeit in nur zwei gleiche Teile geteilt werden; für die halbe Zeit gilt dann

$$\tau_1 = \tau_a \sqrt{\frac{\tau_e}{\tau_a}}$$

und durch eine beliebige Wiederholung kann auch auf diese Weise der Temperaturverlauf berechnet werden. Diese Methode ist aber nur dann etwas einfacher, wenn die Endtemperaturen beobachtet sind und die Temperatur der einen Flüssigkeit während der ganzen Zeit unveränderlich bleibt.

Umgekehrt kann aber auch, wenn der Temperaturverlauf beobachtet ist, aus der Gleichung (18a)

$$k = \frac{1}{\mu F \varDelta z} \ln \frac{\tau}{\tau_a}$$

berechnet werden, und damit auch die Wärmemenge

$$Q = F \varSigma k \tau \varDelta z$$

in allen Fällen, wo k mit der Zeit stark veränderlich ist[1]).

Nur für einzelne Fälle, namentlich wenn es sich um feste Körper handelt, läßt sich die Differentialgleichung

$$\lambda \frac{\partial^2 t}{\partial x^2} = \gamma c \frac{\partial t}{\partial z} \quad \ldots \ldots \ldots \ldots \quad (4)$$

auch für mit der Zeit veränderliche Wärmeströmungen, z. B. für ebene Wände, Zylinder und Kugel, allgemein integrieren. Solche Wärmeströmungen sind namentlich bei Wärme- und Kältespeicher wichtig. Die theoretischen Grundlagen hat Dr. Gröber in seinem Buche „Die Grundgesetze der Wärmeleitung" ausführlich behandelt.

Beispiel 10. Ein Wärmespeicher ist gefüllt mit 101,82 Liter warmen Wassers von 98° C und isoliert mit einer Korksteinschicht von 125 mm Dicke ($= 0,04$). Wie warm ist das Wasser noch nach 215,6 Stunden, wenn die abkühlende Oberfläche 2,92 qm ist?[2])

In der Gleichung $\dfrac{1}{k} = \dfrac{1}{\alpha_1} + \dfrac{1}{\alpha_2} + \varSigma \dfrac{\delta}{\lambda}$ kann hier die W.U.Z. für ruhendes warmes Wasser (ca. 40°) gegenüber den beiden anderen Faktoren vernachlässigt werden. Wenn der Wärmespeicher eine Glanzblechverkleidung hat, so ist die W.U.Z. für die umgebende Luft ~ 4, und damit $k = 0,3$.

---

[1]) Ingenieur Rutgers wendet z. B. diese Methode an, um die Abkühlungsverluste eines unter Dampf stehenden Kessels zu bestimmen. Schweizer Bauzeitung Bd. 71, S. 184.

[2]) Mitteilungen über Forschungsarbeiten Heft 214, S. 15.

In der Gleichung $\tau_e = \tau_a\, e^{-\mu k F z}$ ist hier $\dfrac{1}{\mu} = $ das unveränderliche Wassergewicht $= 101{,}82$ kg und damit $\mu k F z = 1{,}85$.

$$e^{1{,}85} \text{ (Tabelle 5)} = 6{,}35, \quad \text{und} \quad \tau_e = \frac{\tau_a}{6{,}35} = \frac{81}{6{,}35} = 12{,}7,$$

also
$$t_e = 12{,}7 + 16 = 28{,}7^{\,0}\,\text{C}.$$

Die Übereinstimmung mit der gemessenen Temperatur von $29{,}3^{\,0}$ C ist gut, denn die Rechnung ist eben nicht ganz genau. In der Isolierung selbst ist nämlich auch eine gewisse Wärmemenge aufgespeichert, wodurch die Abkühlung des Wassers noch etwas verzögert wird.

Der Temperaturverlauf in der Isolierung kann mit den Gleichungen (9) berechnet werden. Die mittlere Temperatur der Isolierung ist

am Anfang $\qquad\qquad$ rd. $\dfrac{90 + 20}{2} = 55^{\,0}$ C

und am Ende $\qquad\qquad$ rd. $\dfrac{28 + 16}{2} = 22^{\,0}$ C,

so daß das Isoliermaterial im Mittel um $33^{\,0}$ C abgekühlt wird. Das Gewicht der Isolierung ist rd. 72 kg, die spezifische Wärme etwa 0,3, so daß darin $72 \times 0{,}3 \times 33 = 720$ kcal aufgespeichert sind, das sind rd. $10\,^0/_0$ der vom Wasser abgegebenen Wärme ($101{,}82 \times 70 = 7000$).

Wenn nun aber der Raum mit warmer Luft gefüllt wäre, so ist die Wärmeabgabe der Luft bei der gleichen Abkühlung nur

$$0{,}1018 \times 1{,}2 \times 0{,}24 \times 70 = \text{rd. 2 kcal!}$$

Für die Abkühlung geheizter oder die Erwärmung gekühlter Räume bei unterbrochenem Betrieb ist also die Abkühlung, resp. die Erwärmung der eingeschlossenen Luft vollständig von den Wärmebewegungen in den umgebenden Wänden abhängig.

Anwendungsbeispiel 11[1]). Es wurden in einem Maischbottich in 105 Minuten 3000 Liter von $62{,}5^{\,0}$ auf $16{,}25^{\,0}$ abgekühlt durch $91{,}73$ Liter Kühlwasser von $10{,}62^{\,0}$ pro Minute, das sich dabei anfänglich auf $50^{\,0}$, am Ende auf $13{,}4^{\,0}$ erwärmte.

Der Verlauf der Temperaturen wurde bei dem Versuch, wie in Abb. 15 aufgetragen, gemessen.

Die graphische Darstellung ist immer vorteilhaft, weil kleine Beobachtungsfehler dabei deutlich zum Vorschein kommen.

Wenn die Wärmedurchgangszahl bekannt ist, kann hier mit den Gleichungen (20) auch der Temperaturverlauf beider Flüssigkeiten berechnet werden. Nehmen wir den aus den Versuch bestimmten Wert $k = 665$, $G = 3000$ kg.

$G' = 91{,}73$ Liter pro Minute, also, wenn ein Zeitintervall von 5 Minuten angenommen wird, $G' = 458{,}65$ kg.

$$\mu = \frac{1}{G} + \frac{1}{G'} = 0{,}00251.$$

$F = 8{,}4$ qm; $\quad dz = 1/21$ Stunde; $\quad \mu k F dz = 1{,}17$.

$e^{1{,}17}$ (Tabelle 5) $= 3{,}22$; $\quad e^{-1{,}17} = 0{,}3$,

dann ist

$$a = \frac{1 - e^{-\mu k F dz}}{\mu G c} = \frac{1 - 0{,}3}{0{,}00251 \times 3000} = 0{,}092$$

und

$$b = \frac{1 - e^{-\mu k F dz}}{\mu\, G' c'} = \frac{0{,}7}{0{,}00251 \times 458{,}6} = 0{,}61$$

---

[1]) Hausbrand, Verdampfen, 6. Aufl., S. 452. (J. Springer, Berlin.)

und damit $\qquad t_e = (1-a)^{21}\,t_a + t_a'\,\{1-(1-a)^n\}$

mit $\;t_a = 61,5\;$ und $\;t_a' = 10,6;\qquad t_e = 0,132 \times 61,5 + 10,6 \times 0,868$
$$= 8,1 + 9,2 = 17,4^0 \text{ (gemessen } 16,3^0)$$

und $\qquad t_e' = \{1-b\,(1-a)^n\}\,t_a' + b\,t_a\,(1-a)^n$
$$= 0,92 \times 10,6 + 0,61 \times 0,132 \times 61,5$$
$$= 9,7 + 5,0 = 14,7^0 \text{ (gemessen } 13,4^0).$$

Die Abweichungen zwischen berechnete und beobachtete Endtemperaturen rühren daher, daß der offene Maischbottich auch durch Verdampfung abkühlt, welche Wärmeabgabe natürlich in der Rechnung nicht berücksichtigt ist.

Für jeden der Beobachtungspunkte können die Temperaturen für eine unendlich kleine Zeit als konstant betrachtet und mit Gleichung die mittlere Temperaturdifferenz bestimmt werden.

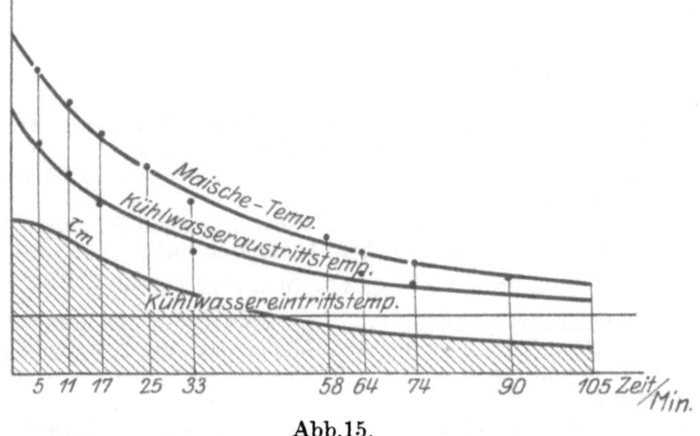

Abb. 15.

Diese sind auch in der Abbildung eingetragen und der Inhalt der schraffierten Fläche ist nun $\int \tau_m\,dz$. Der Wert $(\tau_m)_m$ kann nun durch Planimetrieren dieser Fläche oder durch irgendeine Näherungsmethode bestimmt

Zeit in Minuten	Maische-temp. ^{0}C	Wasser-ablauf-temp. ^{0}C	Temperatur diff. am Auslauf τ_a	Temperatur diff. am Einlauf τ_e	$\dfrac{\tau_a}{\tau_e}$	τ_m (Tabelle 3)	$\overline{\tau}_m'\,\varDelta z$
0	62,5	50	12,5	51,9	0,242	28,2	
5	56,25	41,25	15	45,65	0,328	27,5	139,2
11	50	36,25	13,75	39,4	0,350	24,4	155,7
17	43,75	31,25	12,5	33,15	0,378	21,1	136,5
25	37,5	27,5	10	26,9	0,373	17,1	152,8
33	31,25	22,5	8,75	20,65	0,425	13,9	124,0
58	25	20	5	14,4	0,358	9,0	286,5
64	22,5	18,5	4	11,9	0,336	7,2	48,6
74	20	16,25	3,75	9,4	0,400	6,2	67
90	17,5	14,4	3,1	6,9	0,45	4,8	88
105	16,25	13,4	2,85	5,65	0,505	4,1	66,6

$$\overline{\qquad\qquad}+$$
$$(\tau_m)_m = \frac{1264,9}{105}$$
$$= 12,05^0\,\text{C}.$$

werden. In der Tabelle S. 38 ist zur Bestimmung des Inhaltes der geradlinige Verlauf von τ_m zwischen je zwei Beobachtungspunkten angenommen.

Wenden wir die oben erwähnte zweite Näherungsmethode an, so wird

$$\frac{(\tau_m)_a}{(\tau_m)_e} = \frac{4,1}{28,2} = 0,145 \quad \text{und} \quad (\tau_m)_m = 0,443 \times 28,2 = \mathbf{12,45}\,^0\,\text{C}, \quad \text{(Tabelle 3)}$$

also ein praktisch meist genügend genaues Resultat.

Die Theorie des Wärmeüberganges.

Die theoretischen Untersuchungen von Dr. Nusselt[1]) über den Wärmeübergang haben in praktischen Kreisen nicht die Beachtung gefunden, welche sie tatsächlich verdienen.

Die rein wissenschaftliche Behandlung mag manchen von einem genaueren Studium abgeschreckt haben. Und doch liegt gerade in dieser theoretischen Grundlage — deren Resultat übrigens durch eine große Anzahl sorgfältig ausgeführter Versuche bestätigt ist — der große Fortschritt gegenüber den vorhandenen rein empirischen Formeln.

Die große Anzahl Faktoren, welche bei der Wärmeübertragung eine Rolle spielen, zeigen eben, wie gewagt es ist, Erfahrungszahlen, welche mit irgendeinem Apparat gefunden sind, auf andere Verhältnisse zu übertragen. Es bleibt darum ein Hauptverdienst von Dr. Nusselt auf den Einfluß und die Bedeutung jeder dieser Faktoren aufmerksam gemacht zu haben. Erst dadurch kann die Zulässigkeit einer Verallgemeinerung oder Übertragung einzelner Erfahrungszahlen auf andere Verhältnisse beurteilt werden. Auch hier hat also die rein wissenschaftliche Forschung uns Einblicke in technische Vorgänge ermöglicht, welche auf empirischem Wege allein nie zu erreichen waren.

Ausgehend von den bekannten dynamischen Grundgleichungen für zähe, elastische Flüssigkeiten und unter Anwendung des Prinzipes der Erhaltung der Energie und des Ähnlichkeitsprinzips, leitet er mit Hilfe der Grenzbedingungen für Druck und Geschwindigkeit und unter Annahme einiger vereinfachenden Voraussetzungen und für den Beharrungszustand eine allgemeine Gleichung ab für die Wärmemenge, welche von einer strömenden Flüssigkeit an eine Wand übergeht.

Die vereinfachenden Voraussetzungen, welche natürlich die Gültigkeit des Resultates beschränken, sind:

1. Ist Dr. Nusselt von der dynamischen Grundgleichung für homogene Flüssigkeiten ausgegangen. Auf die praktisch sehr wichtigen Fälle, bei der eine Änderung des Aggregatzustandes eintritt, also z. B. für siedende Flüssigkeit und kondensierenden Dampf ist also diese Theorie nicht anwendbar.

---

[1]) Mitteilungen über Forschungsarbeiten Heft 89.

2. Für die Entstehung und Unterhaltung sowohl der Bewegung als auch der Temperaturunterschiede sollen nur äußere Ursachen in Betracht kommen. Die sogenannten Konvektionsströme, sowie die Kompressions- und Reibungswärme sind demnach vernachlässigt. Dann ist die Differentialgleichung auch auf Fälle beschränkt, in denen die Stoffkonstanten der Flüssigkeit als unveränderlich betrachtet werden können; es dürfen also nur kleine Temperaturunterschiede im Querschnitt vorkommen. Im Anfang des Rohres trifft diese Voraussetzung nicht zu.

3. Von der Wärmeübertragung durch Strahlung ist abgesehen.

4. Die Anfangstemperatur t_a sei über den ganzen Eintrittsquerschnitt konstant, ebenso die Wandtemperatur t_w.

5. Es sollen bei den Grenzbedingungen keine freien Flüssigkeitsoberflächenstrahlen auftreten.

Er fand dann für die übergehende Wärmemenge

$$Q = \lambda\,(t_a - t_w)\,l_0 \ \text{Funktion} \ \left(\frac{w_m,\, l_0,\, \varrho}{\mu},\ \frac{a}{w_m\,l_0},\ \frac{z}{l_0},\ \frac{\varepsilon}{l_0}\right) \ . \ . \ (23)$$

und für die Wärmeübergangszahl (W.U.Z.)

$$\alpha = \text{Funktion} \ \left(\frac{w_m\,l_0\,\varrho}{\eta},\ \frac{a}{w_m\,l_0},\ \frac{z}{l_0},\ \frac{\varepsilon}{l_0}\right) \ . \ . \ . \ . \ (24)$$

In diesen Gleichungen ist:

$\lambda =$ Wärmeleitzahl der Flüssigkeit bei der mittleren Temperatur,

$c =$ spezifische Wärme der Flüssigkeit,

$w_m =$ mittlere Strömungsgeschwindigkeit,

$\varrho =$ Masse der Raumeinheit $= \dfrac{\gamma}{g}$,

$a =$ Temperaturleitfähigkeit $= \dfrac{\lambda}{c\,\gamma}\,[\text{m}^2/\text{st}]$,

$\eta =$ Zähigkeitszahl der Flüssigkeit,

$\varepsilon =$ eine die Rauheit der Oberfläche kennzeichnende Zahl,

$l, z, d =$ die Dimensionen der Begrenzung, wie Länge, Durchmesser usw.

Interessant ist, daß in der allgemeinen Gleichung für die übergehende Wärme die W.U.Z. selbst nicht vorkommt, so daß hier ohne diesen Begriff auszukommen wäre. Bei der Ableitung der allgemeinen Gleichung für den Wärmedurchgang sind aber die W.U.Z. für beide Seiten der Flüssigkeit notwendig, so daß solche Rechnungen doch nicht ohne diese Faktoren durchzuführen sind.

Über die Gestalt der Funktionen gibt die Theorie keinen Aufschluß. Um für die Strömung in geraden Rohren mit kreisförmigem Querschnitt diese allgemeinen Funktionen bestimmen zu können, muß Dr. Nusselt noch folgende Einschränkungen machen:

a) Da es nicht möglich ist, die Wirbelbewegung einer strömenden Flüssigkeit oberhalb der kritischen Geschwindigkeit durch einen einfachen analytischen Ausdruck darzustellen, muß die Untersuchung auf die gradlinige Bewegung unterhalb der kritischen Geschwindigkeit beschränkt werden.

b) Über den Einfluß der Rauheit vermag die Theorie keinen Aufschluß zu geben; darum ist angenommen, daß die Wandung absolut glatt ist.

c) Um die Grenzbedingungen einfach zu gestalten, und da die Störungen der Strömung im Rohranfang sehr verwickelt sind, soll vor dem Rohr mit der Wandtemperatur t_w noch eine Beruhigungsstrecke mit der Wandtemperatur t_a vorgeschaltet werden.

Unter diesen Voraussetzungen lassen sich die Funktionen berechnen; diese vereinfachen sich dann zu:

$$\frac{t_F - t_w}{t_a - t_w} = \Phi\left(\frac{a}{w_m\,d} \cdot \frac{z}{d}\right) \quad \ldots \ldots \ldots \ldots (25)$$

worin

$t_F =$ mittlere Flüssigkeitstemperatur,
$t_w =$ Wandtemperatur,
$t_a =$ Temperatur beim Rohranfang.

und

$$\alpha\,\frac{d}{\lambda} = \Psi\left(\frac{a\,z}{w_m\,d^2}\right) \quad \ldots \ldots \ldots \ldots (26)$$

Die Kenngröße $\dfrac{w_m\,d\,\varrho}{\eta}$ ist also daraus verschwunden, was darauf hinweist, daß diese von geringerem Einfluß ist.

Diese Funktionen Φ und Ψ lassen sich nun sehr übersichtlich graphisch darstellen, da nur eine einzige Veränderliche darin vorkommt (vgl. Abb. 16 und 17)[1]).

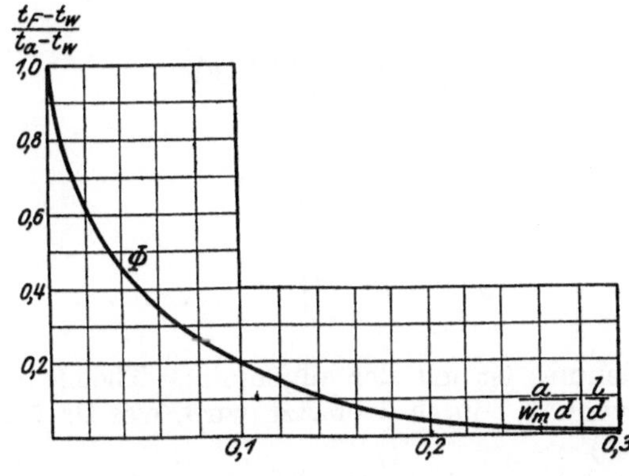

Abb. 16. Temperatursenkung längs des Rohres, nach analytischer Berechnung unterhalb der kritischen Geschwindigkeit $\dfrac{t_h - t_w}{t_a - t_w} = \Phi\left(\dfrac{a}{w_m\,d} \cdot \dfrac{l}{d}\right)$.

---

[1]) Nach Dr. Gröber.

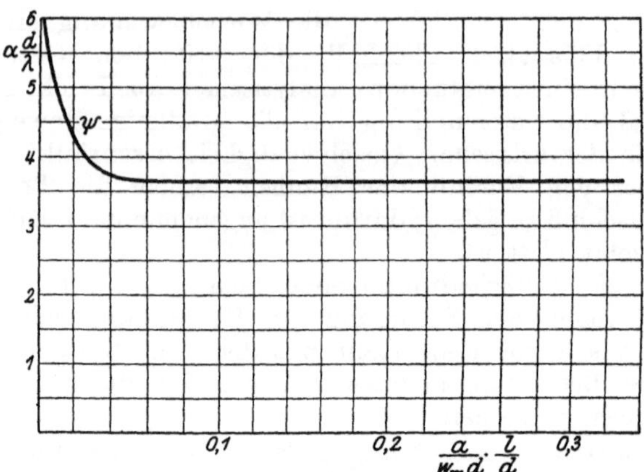

Abb. 17. Abhängigkeit der W. U. Z. von der Rohrlänge, unterhalb der kritischen Geschwindigkeit nach analytischer Berechnung $\alpha \dfrac{d}{\lambda} = \psi \left(\dfrac{a}{w_m\, d} \cdot \dfrac{l}{d} \right)$.

Da diese Kurven unter der Voraussetzung verschiedener einschränkender Annahmen gefunden sind, welche mit den tatsächlichen Verhältnissen nicht immer übereinstimmen, lassen sich diese berechneten Zahlenwerte darauf nicht anwenden. Hier muß dann die experimentelle Forschung eingreifen.

Dr. Nusselt hat nun seine Theorie durch eine große Anzahl sorgfältig ausgeführter Versuche ergänzt. Von den vielen Faktoren, welche den Wärmeübergang in Rohren beeinflussen, hat er aber nur den Einfluß von einigen untersucht. Durchmesser, Länge, Oberflächentemperatur und Oberflächenbeschaffenheit (Rauheit) blieben unveränderlich. Er beschränkte sich also auf die Bestimmung der

Funktion Ψ für $\varepsilon = 0$, und $\dfrac{z}{d} =$ konstant und fand auf experimentellem Wege:

$$\alpha = b\, \frac{\lambda_w}{d^{1-n}} \left(\frac{w\,\varrho\,c_p}{\lambda} \right)^n$$

oder

$$\alpha\, \frac{d}{\lambda_w} = b \left(\frac{w\,\varrho\,c_p}{\lambda} \, d \right)^n$$

$$\alpha\, \frac{d}{\lambda_w} = b \left(\frac{w\,d}{a} \right)^n \quad \cdots \cdots \cdots \quad (27)$$

Diese Gleichung ist mit der allgemeinen Theorie in voller Übereinstimmung, wenn λ_w durch λ ersetzt wird, was Dr. Nusselt später auch getan hat[1])

$$\alpha\, \frac{d}{\lambda_m} = b \left(\frac{w_m\,d}{a} \right)^n = 18{,}1 \left(\frac{w_m\,d}{a} \right)^n \quad \cdots \cdots \quad (27\mathrm{a})$$

---

[1]) Z. d. V. D. I. 1917, S. 685.

Nusselt untersuchte verschiedene Gasarten, nämlich Luft mit verschiedenen Drücken (1 bis 16 at), Kohlensäure und Leuchtgas, und fand in Übereinstimmung mit der Theorie, daß der Exponent n unabhängig von der Dichte und von der Art der Flüssigkeit ist.

Auch die Versuche von Josse[1]) (verdünnter Luft), Jordan[2]), Rietschel[2]) (Luft), Holmboe[2]) (überhitzter Dampf), Gröber[3]) (heiße Luft), Poensgen[4]) (überhitzter Dampf) bestätigen das von Nusselt gefundene Gesetz qualitativ und quantitativ in überraschender Weise.

Der Ableitung gemäß muß dieses Gesetz sowohl für elastische als für tropfbare Flüssigkeiten gelten und deshalb auch auf Wasser anwendbar sein. Die Kenntnis der Zahlenwerte von $a = \dfrac{\lambda}{c\,\gamma}$ für Flüssigkeiten bei verschiedenen Temperaturen ist nun leider sehr unvollkommen. Für Flüssigkeiten ist γ unabhängig vom Druck, die Abhängigkeit von der Temperatur ist für Wasser in Abb. 38 dargestellt. Auf die Erforschung der Abhängigkeit der spezifischen Wärme des Wassers von der Temperatur wurde von verschiedenen Forschern eine große Mühe verwandt; geht doch die Definition der Wärmeeinheit von der Wärmemenge aus, welcher 1 Gramm Wasser zuzuführen ist, um die Temperatur um 1^0 zu erhöhen. Diese Abhängigkeit ist (nach Winkelmann, Handbuch der Physik, Bd. 3) in Abb. 39 eingetragen.

Über die Änderungen der Wärmeleitfähigkeit mit der Temperatur geben die physikalischen Handbücher leider nur ganz unvollständige Angaben. Die Erforschung dieser Abhängigkeit wird auch auf große Schwierigkeiten stoßen, denn nicht nur die Temperaturänderung, sondern auch die absolute Höhe der Temperatur, die Art der Flüssigkeitsbewegung werden dabei berücksichtigt werden müssen. Eine vollständige Klärung dieser Fragen ist demnach in absehbarer Zeit noch nicht zu erwarten.

Für eine dünne, ruhende Flüssigkeitsschicht zwischen zwei Kupferplatten hat Prof. Dr. Jakob[5]) die Wärmeleitung für Wasser bestimmt und aus seinen äußerst sorgfältig durchgeführten Versuchen gefunden, daß

$$\lambda = 0{,}4769\,(1 + 0{,}002984\ t)\ \text{kcal/m/st/}^0\,\text{C ist.}$$

Es ist aber nicht weiter untersucht worden, ob diese Werte auch für strömendes Wasser gelten, was ich bezweifeln möchte.

Darum bilden die Versuche von Dr. Soennecken[6]) über den Wärmeübergang von Rohrwänden an strömendes Wasser eine sehr erwünschte Ergänzung zu der Theorie von Dr. Nusselt. Er fand:

---

1) Z. d. V. D. I. 1909, S. 328. (Julius Springer, Berlin.)
2) Z. d. V. D. I. 1913, S. 198. (Julius Springer, Berlin.)
3) Mitteilungen über Forschungsarbeiten Heft 131. (Julius Springer, Berlin.)
4) Mitteilungen über Forschungsarbeiten Heft 130. (Julius Springer, Berlin.)
5) Sitzungsber. der Preußischen Akademie der Wissenschaften 1920, XXIII.
6) Mitteilungen über Forschungsarbeiten Heft 108/109. (Julius Springer, Berlin), worin auch ein ausführlicher Literaturnachweis vorhanden ist.

$$\alpha = h\,\frac{w^n}{d^{1-n}}\,(1 + b\,t_w)\,(1 - c\,t_m), \quad \ldots \ldots \quad (28)$$

worin h, n, b und c Konstanten sind, welche nur von der Rauheit, nicht vom Material der Rohrfläche abhängig sind.

$w =$ Wassergeschwindigkeit in m/sec,
$t_w =$ innere Rohrwandtemperatur in ^{0}C,
$t_m =$ mittlere Wassertemperatur in ^{0}C.

Für den praktischen Gebrauch sind die Werte von c als sehr klein zu vernachlässigen. Die von Soennecken gefundene Unabhängigkeit der W.U.Z. vom Druck steht mit der Theorie im Einklang, dagegen fand er für Wasser etwas andere Werte für den Exponenten n. Seine Versuche bewegen sich aber innerhalb sehr engen Grenzen (für Messingrohr und Eisenrohr I zwischen Wassergeschwindigkeiten von 0,617 und 1,322 m/sec, und für Eisenrohr II zwischen 0,49 und 0,74 m/sec). Innerhalb diesen Grenzen ist der Unterschied zwischen $w^{0,7}$, $w^{0,8}$ und $w^{0,9}$ nicht groß, und zwar im ungünstigsten Falle nur 2 resp. 4 $^0/_0$, so daß diese Versuche auf jeden Fall nicht gegen die allgemeine Forderung zeugen, daß n unabhängig von der Art der Flüssigkeit sein muß.

Bei völliger Übereinstimmung von Theorie und Versuch sollte z. B. für vollständig glatte Rohre und für gleiche Werte von d und w

$$(\text{nach Soennecken}) \quad \alpha = b\,(1 + 0{,}14\,t),$$

$$(\text{nach Dr. Nusselt}) \quad \alpha = 18{,}1\,\frac{\lambda}{a^n}$$

oder
$$b\,(1 + 0{,}014\,t) = 18{,}1\,\frac{\lambda}{a^n}$$

sein, was nur bei einer Temperatur (24^0 C) genau zutrifft (vgl. Tabelle 19, Stoffwerte für Wasser). Der Einfluß des Kennfaktors $\left(\dfrac{w\,\varrho\,d}{n}\right)$ scheint demnach für Wasser doch nicht vernachlässigt werden zu dürfen; die Zähigkeit käme dann in den Faktor $(1 + 0{,}014\,t)$ zum Ausdruck, doch ist die Zähigkeit vom Wasser noch viel stärker mit der Temperatur veränderlich. (Abb. 21.)

Ob der Exponent n sich mit der Rauheit der Oberfläche ändert, wie Dr. Soennecken scheinbar gefunden hat, darüber gibt die allgemeine Theorie keinen Aufschluß. Für diese Änderung ist nur die relative Rauheit, d. i. das Verhältnis von Rauheit zum Durchmesser maßgebend. Da die Rauheit selbst praktich innerhalb enger Grenzen schwankt, muß ihr Einfluß mit zunehmendem Durchmesser verschwinden.

Hierüber geben die Versuche von Rietschel[1]) einigen Aufschluß. Er untersuchte Eisenrohre von 21,5 bis 119 mm Durchmesser und

---

[1]) Mitteilungen der Prüfungsanstalt für Heizungs- und Lüftungseinrichtungen.

Kupferrohre von 21,5 mm Durchmesser; eine Veränderlichkeit des Exponenten n müßte namentlich beim Vergleich der kupfernen und schmiedeeisernen Rohre von 21,5 mm ϕ zum Vorschein kommen, da diese den größten Unterschied in der relativen Rauheit aufweisen. Rietschel fand aber $n = \text{konstant} = 0{,}791$, also unabhängig vom Durchmesser, Material und Rauheit. Die Übereinstimmung mit dem auf ganz anderem Wege von Dr. Nusselt gefundenen Wert $n = 0{,}786$ ist geradezu überraschend.

Der Einfluß der Rauheit kommt dann nur noch in der Veränderlichkeit des Konstanten zum Ausdruck. Rietschel hat diese Abhängigkeit nicht näher untersucht und nur den Mittelwert aus sämtlichen Versuchen bestimmt. Da er die Versuchsergebnisse selbst nicht veröffentlicht hat, ist es nicht möglich zu beurteilen, wie groß diese wären. Mir scheint, daß auf jeden Fall ein meßbarer Unterschied zwischen Kupfer- und Eisenrohr von 21,5 mm ϕ auch für Luft nachweisbar sein sollte, wie Dr. Soennecken für Wasser gefunden hat.

Dr. Nusselt hat die Abhängigkeit der W.U.Z. vom Rohrdurchmesser selbst nicht experimentell untersucht. Nach der Theorie soll

$$\alpha = \frac{\lambda}{d}\left(\frac{w\,d}{a}\right)^n \quad \ldots \ldots \ldots \quad (27\,\text{a})$$

$$= \lambda\,d^{1-n}\left(\frac{w}{a}\right)^n$$

sein. Seine Versuche werden aber durch eine Reihe anderer Beobachtungen ergänzt. Rietschel untersuchte Röhren von 6 verschiedenen Durchmessern (21,5 bis 119 mm ϕ) und stellte die Unabhängigkeit des Exponenten vom Durchmesser fest ($d^{-0,16}$). Die Versuche von Holmboe bestätigen ebenfalls die Abhängigkeit der W.U.Z. von d für Rohre von 20, 50 und 100 mm ϕ ($1 - n = 0{,}13$ bis $0{,}18$). Poensge fand[1] $d^{-0,164}$, also eine gute Übereinstimmung mit Rietschel für Rohre von 39,4 und 95,7 mm ϕ.

Ser dagegen hat gefunden, daß die W.U.Z. mit zunehmendem Durchmesser zunimmt. Er machte seine Versuche mit Rohren von 10 bis 50 mm ϕ und 314 mm Länge, und diese Abweichung läßt sich durch die sehr kleinen Längen der Versuchsrohre erklären. (Vgl. S. 49.)

Soennecken findet je nach dem Rohrmaterial $d^{0,09}$ bis $d^{0,3}$ für Rohre von 17 und 28 mm ϕ; die Bestimmung des Exponenten aus diesen Versuchen ist nicht sehr zuverlässig, da die beiden Rohrdurchmesser nur wenig verschieden sind, so daß neue Versuche mit Wasser sehr erwünscht wären.

Viel mangelhafter ist unsere Kenntnis über den Einfluß der Rohrlänge. Die allgemeine Theorie sagt darüber nur soviel aus, daß nicht die absolute Länge selbst, sondern das Verhältnis $\dfrac{L}{d}$

---

[1] Z. d. V. D. I. 1910, S. 1154.

hierfür maßgebend ist. Dr. Nusselt[1]) hat nun diese Abhängigkeit der Wärmeübergangszahl von der Rohrlänge für geordnete Strömung unterhalb der kritischen Geschwindigkeit berechnet (vgl. auch Seite 47). Er findet für diesen Fall, daß die W.U.Z. mit zunehmender Rohrlänge abnehmen muß und von einer, bestimmten Stelle an konstant (Abb. 18), d. h. unabhängig von der Geschwindigkeit und von der Temperaturleitfähigkeit $a = \dfrac{\lambda}{c\,\gamma}$ der Flüssigkeit ist. Von dieser Stelle an ist für alle Flüssigkeiten

$$\alpha = 3{,}65\,\frac{\lambda}{d}\,. \quad\ldots\ldots\ldots\ldots \quad (29)$$

Er weist weiter nach, daß auch für turbulente Strömungen, also oberhalb der kritischen Geschwindigkeit, die W.U.Z. sich einem Mindestwert nähern muß, um von dort ab längs des Rohres unveränderlich zu bleiben, und stellt deswegen eine erweiterte Formel auf[2]):

$$\alpha\,\frac{d}{\lambda} = \text{Koeffizient}\left(\frac{L}{d}\right)^{m}\left(\frac{w_m d}{a}\right)^{n}\quad\ldots\ldots \quad (27\,\text{b})$$

Ich betrachte die Einführung der Länge in dieser Form als ein schwacher Punkt der Nusseltschen Formel. Zwar geben mit dem Wert $m = 0{,}054$ die Versuche von Rietschel zwischen $0{,}65$ und $0{,}98$ m Länge quantitativ ziemlich übereinstimmende Werte, doch genügt eine Bestätigung innerhalb so enger Grenze nicht, um ein allgemeines Gesetz aufzustellen. Gröber[3]) findet bei seinen Versuchen starkeren Einfluß der Rohrlänge zwischen $0{,}5$ und 2 m. Auch genügt $\left(\dfrac{L}{d}\right)^{0{,}054}$ der Bedingung nicht, daß, wie Nusselt rechnerisch nachweist und auch aus den Versuchen von Gröber folgt, die W.U.Z. im Anfang rasch abnehmen und von einer bestimmten Länge an konstant werden muß.

Die Frage des Einflusses der W.U.Z. mit der Rohrlänge ist aber außerordentlich wichtig, denn dieser Einfluß zwingt uns, bevor verschiedene Versuchsresultate verglichen werden können, auch die jeweilige Meßstelle zu berücksichtigen, und einen Unterschied zu machen zwischen der W.U.Z. an einer bestimmten Rohrstelle und die mittleren W.U.Z. für eine bestimmte Rohrlänge.

Die Stelle, von welcher aus die W.U.Z. als konstant zu betrachten wäre, hängt natürlich von der gewünschten Genauigkeit ab. Unterhalb der kritischen Geschwindigkeit und mit einer Genauigkeit von ca. $2\,^0/_0$ wird $L_0 = 0{,}04\,\dfrac{w_m}{a}\,d^2$, worin w_m in m/st, L und d in Meter und a m²/st einzusetzen sind.

---

[1]) Z. d. V. D. I. 1910, S. 1154.
[2]) Z. d. V. D. I. 1917, S. 685. Gesundheitsing. 1915, Heft 42/43.
[3]) Z. d. V. D. I. 1910, S. 1154.

Nehmen wir einmal an, daß eine solche Beziehung auch oberhalb der kritischen Geschwindigkeit vorhanden wäre. In Abb. 18 ist, nach Rechnung von Dr. Nusselt, die Abhängigkeit der W.U.Z. mit der Rohrlänge für den Fall dargestellt, daß Luft von 1 at und 20⁰ C mit einer Geschwindigkeit von 2 m/sec durch ein Rohr von 22 mm l. W. strömt und

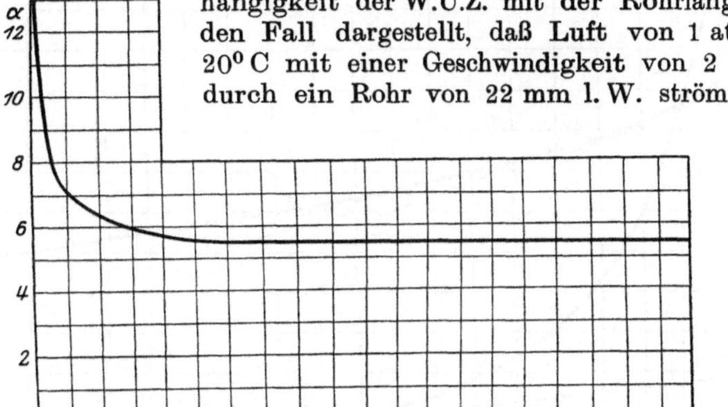

Abb. 18. Abhängigkeit der W.U.Z. von der Rohrlänge für Luft, berechnet von Nusselt (Z. d. V. D. I. 1910, S. 1154) für 22 mm Rohrdurchmesser.

wenn die Wandtemperatur auf 100⁰ C konstant gehalten wird. Für diesen Fall ist $a =$ rd. 0,118 m²/st, also

$$L_0 = 0,04 \times \frac{2}{0,118} \times 0,0004 \times 3600 = 1,0 \text{ m}.$$

Gröber hat bei seinen Untersuchungen[1]) auch die Abhängigkeit der W.U.Z. von der Länge gemessen, und seine Versuchsresultate sind in Abb. 19 eingetragen. (Hierzu Tabelle 6.) Da er ein Rohr von 62 mm l. W. untersuchte, und die Luft in diesem Fall eine mittlere Temperatur von 90 bis 250⁰ C hatte, wäre hier $a = 0,2$, und bei einer mittleren Geschwindigkeit von 5 m/sec $L_0 = 0,04 \times 5 \times 3600 \times 5 \times 0,0036 = 13$ m. Verkleinern wir nun die Abszissen von L_0 für 22 und 62 mm Rohrdurchmesser, und die Ordinaten im Verhältnis der Minimalwerte der W.U.Z., dann fällt

Tabelle 6 (zu Abb. 19).

Rohrlänge m	$t_e - t_w$ ⁰ C	$\dfrac{dt}{dl}$ ⁰C/m	$\alpha = 40,6\,(t_e - t_w)\dfrac{dt}{dl}$
0,1	157	140	36,2
0,2	149	106	29
0,3	142	86	24,6
0,4	136	70	21
0,5	133	58	17,8
0,7	122	48	16,0
1,0	119	40	13,7
2,0	110	31	11,8

---

[1]) Mitteilungen über Forschungsarbeiten Heft 130. (Julius Springer, Berlin.)

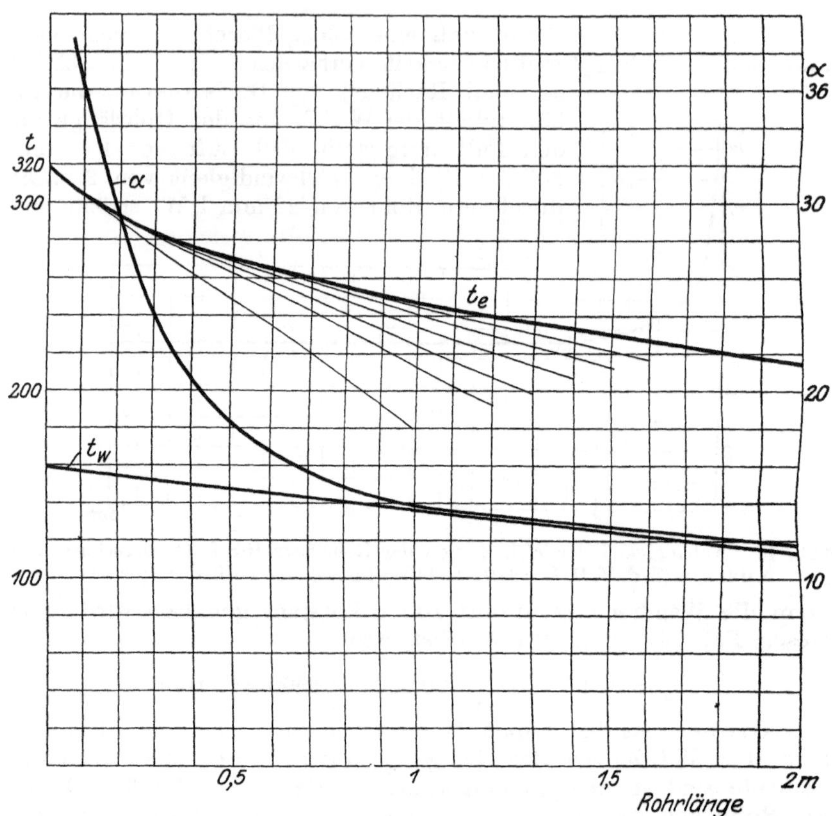

Abb. 19. Abhängigkeit der W.U.Z. von der Rohrlänge berechnet aus den Versuchen von Dr. Gröber $\alpha = 40{,}6\,\dfrac{1}{t_e - t_w}\,\dfrac{dt}{dl}$ kcal/m²/st/°C (Tabelle 6).

die experimentell von Gröber gefundene Kurve praktisch mit der von Dr. Nusselt gerechneten zusammen. Diese Kurve würde also praktisch genügend genau die Abhängigkeit der W.U.Z. von der Rohrlänge darstellen für Werte von $L < L_0$.

Dr. Hoefer[1]) untersuchte den Temperaturverlauf längs eines Rohres, wodurch Wasser strömt. Aus diesem Temperaturverlauf können auch die W.U.Z. gerechnet werden. Nun nimmt die W.U.Z. hier längs des Rohres aber auch mit zunehmender Wassertemperatur zu (vgl. S. 94), so daß beide Einflüsse einander überlagern. Für Wasser mit $a = 0{,}0005$ wäre für ein Rohr von 20 mm ϕ

$$L_0 = 0{,}04 \times 2000 \times 3600 \times 0{,}02^2\, w,\ \text{ also } L_0 = 1150\, w,$$

also sehr große Werte, so daß bei 2 Meter Rohrlänge nur ein sehr kleiner Teil der Kurve innerhalb des Versuchsgebietes fällt, und auch aus diesem Grunde die Versuche von Dr. Hoefer zur Bestimmung des Einflusses der Rohrlänge nicht geeignet sind.

---

[1]) Mitteilungen Maschinen-Laboratorium Berlin, Heft V.

Dr. Poensgen[1]) untersuchte auch die Abhängigkeit der W.U.Z. von der Rohrlänge bei der Wärmeabgabe von überhitztem Dampf an Röhren. Wenn auch bei diesen Versuchen eine Beruhigungsstrecke vorgebaut war, ist doch die Temperaturverteilung beim Eintritt über den Querschnitt veränderlich, so daß die Anfangsbedingung der theoretischen Ableitung hier nicht erfüllt ist und auch dieser Versuch zur Untersuchung des Einflusses der Röhrlänge nicht geeignet ist. Für überhitzten Dampf, 5 at, $t = 250^0$ C, ist $a = 0{,}033$, so daß für $w = 5$ m/sec und $d = 39{,}4$ mm, $L_0 = 0{,}04 \times 30 \times 3600 \times 0{,}0394 = 33{,}5$ m wird. Die Abnahme der W.U.Z. mit der Rohrlänge ist hier etwas kleiner, als nach Abb. 26 zu erwarten wäre, was durch die Nichterfüllung der Eintrittsbedingung erklärt ist.

Wenn auch eine genügende Bestätigung für die gefundene Abhängigkeit der W.U.Z. mit der Länge, nach Abb. 26, noch nicht vorliegt, so erklärt diese doch, warum die Versuche von Ser so abweichende Resultate gegeben haben. Ser untersuchte Rohre von 10 bis 50 mm ϕ und 314 mm Länge, und fand, in Abweichung mit der allgemeinen Theorie, daß die W.U.Z. mit zunehmendem Durchmesser zunimmt. Diese Röhren haben eben verschiedene Werte von L_0 und damit einen verschiedenen Verlauf der Kurven, welche die Abhängigkeit der Rohrlängen angeben. Diese Kur-

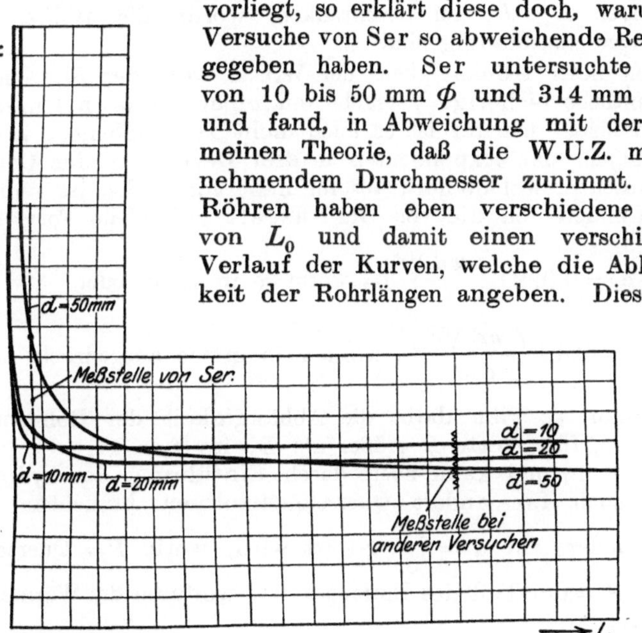

Abb. 20. Erklärung des abweichenden Versuchsergebnisses von Ser.

ven sind nun schematisch in Abb. 20 eingetragen, und erklären zwanglos diese von der allgemeinen Theorie bisher nicht aufgeklärte Abweichung.

Weitere systematische Versuche zur Klärung dieser äußerst wichtigen Frage sind noch unbedingt notwendig, denn die Schwierigkeit liegt in der Bestimmung von L_0. Sehr wichtig wäre es, durch Versuche nachzuweisen, ob L_0 auch oberhalb der kritischen Ge-

---

[1]) Poensgen, Z. d. V. D. I. 1916, S. 27.

schwindigkeit von der Art der Flüssigkeit, also von a abhängt, denn wenn dies zutrifft, müßte z. B. bei den Versuchen von Nusselt mit Druckluft der Einfluß der Rohrlänge für verschiedene Spannungen verschieden sein.

Auch wenn also die gefundene Gesetzmäßigkeit für die Rohrlänge wirklich vorhanden wäre, ist deren praktische Anwendung, wegen der Unsicherheit L_0 zu bestimmen, noch nicht möglich. Immerhin ziehe ich diese Beziehung irgendeinem Potential von $\dfrac{L}{d}$ vor, da sie mit den tatsächlichen Verhältnissen besser in Übereinstimmung zu bringen ist, und die allgemeine Theorie über die Gestalt der Funktion keinerlei Vorschriften macht. Bis ergänzende Versuche vorliegen, halte ich es für richtiger, den Einfluß der Rohrlänge überhaupt auszuschalten, also die weitere Untersuchung auf Rohrlängen $L > L_0$ zu beschränken, wofür die W.U.Z. von den Rohrlängen unabhängig sind.

Aus dieser Abhängigkeit der W.U.Z. von der Rohrlänge folgt, daß sämtliche bisherige Versuche mit einer gewissen Ungenauigkeit behaftet sind. Darum ist es auch nicht zu empfehlen, z. B. durch die Annahme der Exponnenten in drei Dezimalen eine Genauigkeit vorzutäuschen, welche noch absolut nicht vorhanden ist. Aus diesem Grunde ändere ich die von Dr. Nusselt gefundene Formel in:

$$\left.\begin{aligned}\frac{d}{\lambda}\,\alpha &= 0{,}0291 \left(\frac{w\,d}{a}\right)^{0,8} f_L, \text{ worin } w \text{ in m/st, oder}\\[2ex]\frac{d}{\lambda}\,\alpha &= 18{,}1 \left(\frac{w\,d}{a}\right)^{0,8} f_L, \text{ worin } w \text{ in m/sec ausgedrückt ist.}\end{aligned}\right\} (27\,\mathrm{c})$$

Der Faktor f_L gibt darin die Abhängigkeit der Rohrlänge nach Abb. 26 an, für Werte L größer als L_0 ist $f_L = 1$.

Diese Formel kann noch durch Einführung des hydraulischen Radius auch für andere Querschnittsformen brauchbar gemacht werden, indem für $d = \dfrac{4\,F}{S}$ gesetzt wird, worin $F =$ Querschnitt in qm und $S =$ der Teil des Umfanges ist, wodurch die Wärme strömt, in Metern.

Man kann Bedenken dagegen haben, ob die Einführung von $d = \dfrac{4\,F}{u}$ den Einfluß der Querschnittform auch richtig zum Ausdruck bringen kann, denn sie stützt sich neben einigen theoretischen Betrachtungen von Dr. Nusselt über die Grenzschicht eigentlich nur auf einige Versuche von Jordan mit Ringspalten[1]), wodurch ein einwandfreier Nachweis über die allgemeine Zulässigkeit natürlich nicht anbracht ist.

Unterhalb der kritischen Geschwindigkeit, also für geordnete

---

[1]) Nusselt, Z. d. V. D. I. 1913, S. 199.

Strömung, führt auch die Einführung von $d = \dfrac{4\,F}{u}$ in der Poiseuill-schen Gleichung $\dfrac{\varDelta p}{e} = \dfrac{32\,\eta\,w}{d^2}$ für Ringspalten zu falschen Resultaten, da $\dfrac{\varDelta p}{e}$ nicht gleich $\dfrac{32\,\eta\,w}{4\,s^2} = \dfrac{8\,\eta\,w}{s^2}$, sondern wie die genaue theoretische Ableitung[1]) zeigt, gleich $\dfrac{12\,\eta\,w}{s^2}$ ist. Die Versuche von Dr. Becker über den Druckverlust in Ringspalten zeigen auch unterhalb der kritischen Geschwindigkeit eine sehr gute Übereinstimmung mit dieser theoretischen Ableitung.

Oberhalb der kritischen Geschwindigkeit, und bei einer gewissen Entfernung von diesem Punkte, führt aber die Einführung von $d = \dfrac{4\,F}{u}$ zu Resultaten, die in guter Übereinstimmung stehen mit den Versuchen über den Druckverlust in Ringspalten. Auch hat man oft durch praktische Versuche über Druckverlust nachgewiesen[2]), daß für rechteckige Querschnittsformen die Einführung von $d = \dfrac{4\,F}{u}$ oberhalb der kritischen Geschwindigkeit unbedingt zulässig ist. Da nun die Wärmeübertragung in Flüssigkeiten hauptsächlich auch von der Flüssigkeitsbewegung abhängt, darf man oberhalb der kritischen Geschwindigkeit doch mit einem gewissen Vertrauen die Zulässigkeit der Einführung von $d = \dfrac{4\,F}{u}$ erwarten.

Bei großen Temperatur- und Druckänderungen im Rohr ist es oft von Vorteil, an Stelle der veränderlichen Geschwindigkeit das unveränderliche Flüssigkeitsgewicht $G = F w \gamma$ kg/sec einzuführen. Mit diesem Wert geht Gleichung (27c) über in

$$\alpha\,\frac{d}{\lambda} = 18{,}1 \left(\frac{4\,G\,c_p}{\pi d \lambda}\right)^{0,8} \cdot f_2$$

$$\alpha = 18{,}1 \left(\frac{\lambda^{0,2}}{d}\right) \cdot \left(\frac{4\,G\,c_p}{\pi d}\right)^{0,8} \cdot f_2 \quad \ldots \ldots \quad (27\text{d})$$

In dieser Gleichung darf natürlich nicht einfach $d = \dfrac{4\,F}{u}$ eingesetzt werden. Auf beliebige Querschnittsformen angewandt geht sie über in

$$\alpha = 18{,}1\,\frac{\lambda}{\dfrac{4\,F}{u}}\left(\frac{4\,G\,c_p}{u}\right)^{0,8} f_2 \quad \ldots \ldots \quad (27\text{e})$$

Für die meisten Flüssigkeiten und Gase ist die spezifische Wärme nicht stark mit der Temperatur veränderlich. Da die

---

[1]) Becker, Z. d. V. D. I. 1907, S. 1133.
[2]) Prof. Brabbée, Z. d. V. D. I. 1916, S. 444 und viele andere.

Wärmeleitzahl λ immer mit der Temperatur zunimmt, folgt, daß wenn die Flüssigkeit beim Durchströmen eines Rohres erwärmt wird, die W.U.Z. in der Strömungsrichtung etwas zunimmt. In diesem Fall wird also der Einfluß des Faktors f_L teilweise aufgehoben. Im umgekehrten Fall, wenn die Flüssigkeit beim Durchströmen abgekühlt wird, liegt hierin ein weiterer Grund für die Abnahme der W.U.Z. mit der Rohrlänge.

Da die Werte der Stoffkonstanten als unveränderlich angenommen sind, gilt die Gleichung von Dr. Nusselt nur für kleine Temperaturänderungen im Rohrquerschnitt. Es ist bekannt, daß für große Temperaturdifferenzen zwischen Flüssigkeit und Wandung, die Flüssigkeitstemperatur sich über den Querschnitt ändert. Die allgemeine Formel kann nun auch für solche Fälle angewandt werden, wenn die mittlere Flüssigkeitstemperatur t_f

$$t_f = \frac{\int\limits_F t \cdot w \cdot dF}{\int\limits_F w \cdot dF} = \frac{1}{\mathrm{Vol}} \int\limits_F d \cdot w \cdot dF \quad \ldots \ldots \ (30)$$

gesetzt wird. Zur Bestimmung dieses Mittelwertes sollte also sowohl der Verlauf der Geschwindigkeit als der Temperatur im Rohrquerschnitt bekannt sein, was praktisch selten der Fall ist. Wie Dr. Gröber an einem Rechnungsbeispiel nachweist[1]), ist es aber doch nicht zulässig, diesen Mittelwert durch die mittlere Temperatur im Rohrquerschnitt $t_q = \frac{1}{F} \int\limits_F t \, dF$ zu ersetzen. da dadurch bedeutende Fehler bis zu $40\,^0/_0$ entstehen können.

Es liegt nun nahe, die Werte der Stoffkonstanten auch für diese

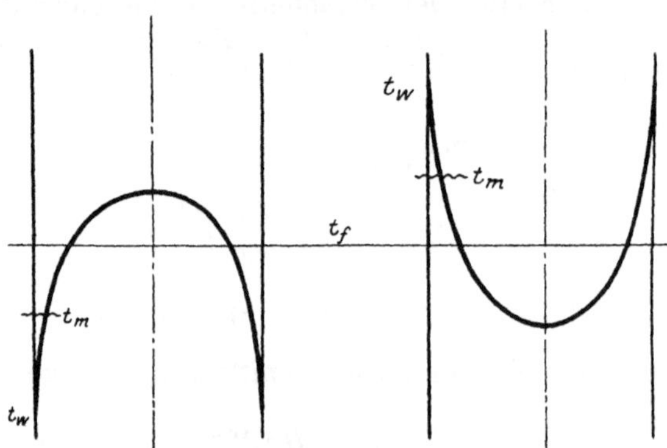

Abb. 21. Temperaturverlauf für Wärmeübergang.
Flüssigkeit-Wandung.   Wandung-Flüssigkeit.

Temperatur t_f einzusetzen. Die allgemeine Formel gilt, ihrer Ableitung gemäß, sowohl für den Wärmeübergang von der Rohrwand an

---

[1]) Dr. Gröber, Die Grundgesetze der Wärmeleitung S. 175. (Julius Springer, Berlin.)

die Flüssigkeit, als umgekehrt. In dieser Formel kommt dann die Wandtemperatur überhaupt nicht mehr vor, so daß bei gleicher mittleren Flüssigkeitstemperatur die Wärmeübertragung in beiden Richtungen gleich wäre. Dennoch ist ein prinzipieller Unterschied vorhanden, welcher bei großen Temperaturdifferenzen auch deutlich zum Vorschein kommt durch den verschiedenen Verlauf der Temperaturen im Rohr (Abb. 21). Prof. Nusselt schlägt deshalb mit Rücksicht auf die große Bedeutung der Wandtemperatur vor, die Stoffkonstanten bei der Temperatur $t_m = \dfrac{t_w + t_f}{2}$ zu wählen. Das hat dann zur Folge, daß bei gleichen t_f und t_w der Übergang in beiden Richtungen gleich wird. Inwieweit dies tatsächlich zutrifft, läßt sich aus dem bis jetzt vorliegenden Versuchsmaterial nicht beurteilen. Vielleicht wäre es noch besser, eine mittlere Temperatur für die Stoffkonstanten zu wählen, welche noch etwas näher an der Wandtemperatur liegt.

Da die allgemeine Formel von Dr. Nusselt nur . oberhalb der kritischen Geschwindigkeit mit der Praxis übereinstimmende Resultate gibt, liegt die Vermutung nahe, daß sie auch für künstlich er-

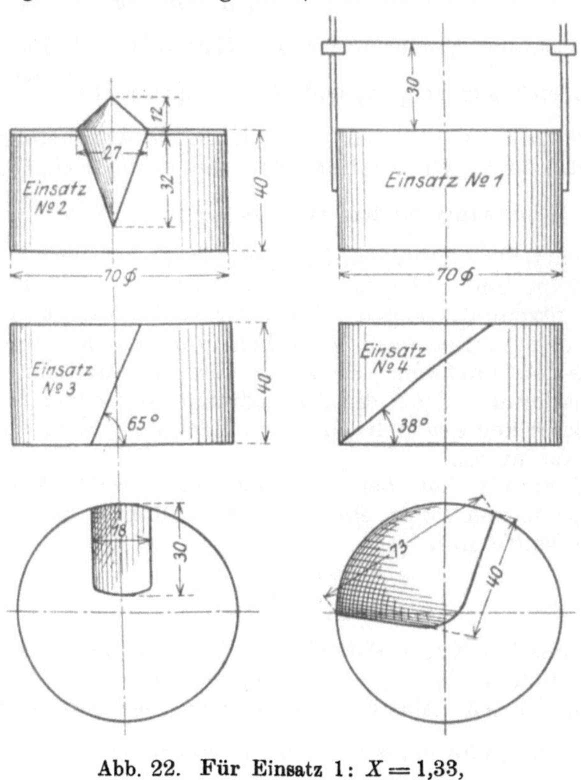

Abb. 22. Für Einsatz 1: $X = 1{,}33$,
„   „   2: $X = 1{,}08$,
„   „   3: $X = 1{,}25$,
„   „   4: $X = 1{,}73$.

zeugte Wirbelbewegung gültig bleiben muß. Es ist ja allgemein bekannt, daß sich die Wärmeübertragung durch Erzeugung von Wirbeln bei der Strömung, alleidings auf Kosten des Druckverlustes, bedeutend steigern läßt. In der allgemeinen Formel ist w immer die mittlere axiale Geschwindigkeit der Flüssigkeit. Bei der Wirbelbewegung ist nun die totale Geschwindigkeit der Flüssigkeitsteilchen größer als die axiale, z. B. $x\,w$, wodurch auch die größere Wärmeübertragung zu erklären ist.

$$\alpha = A\,(x\,w)^n = A\,x^n\,w^n = A \cdot X \cdot w^n.$$

Aus dieser Ableitung würde folgen, daß der Einbau von Wirbelstreifen auf den Exponenten keinen Einfluß hat. Durch Versuche muß dann nur die Größe des Faktors X bestimmt werden, welcher naturgemäß je nach Art der verwandten Wirbelstreifen verschieden ist. Das wird auch durch die mehrfach erwähnten Versuche von Prof. Rietschel bestätigt (Abb. 22).

Nach der allgemeinen Theoiie (S. 40) ist die W.U.Z.

$$\alpha = \text{Funktion}\left(\frac{w\,d\,\varrho}{\eta},\ \frac{a}{w\,d},\ \frac{z}{d},\ \frac{\varepsilon}{d}\right).$$

Die grundlegenden Versuche von Dr. Nusselt mit Luft, Kohlensäure und Leuchtgas zeigten, daß die Kenngröße $Re = \dfrac{w\,d\,\varrho}{\eta}$ von geringerem Einfluß ist, so daß diese in erster Annäherung vernachlässigt werden darf. Dr. Gröber[1]) hat aber schon nachgewiesen, daß für kleine Geschwindigkeiten oder besser für Werte $\dfrac{w\,d}{a} < 10000$ das so vereinfachte Gesetz von Dr. Nusselt nicht mehr streng gültig ist, da die experimentell gefundenen Kurven für solche kleine Werte eine starke Streuung zeigten. Früher (S. 44) wurde auch erwähnt, daß nach den vorliegenden Versuchen von Dr. Soennecken mit Wasser das Nusseltsche Gesetz nur für eine bestimmte Temperatur übereinstimmt. Auch die Anwendung auf andere Flüssigkeiten lassen oft Bedenken gegen die Allgemeingültigkeit dieses vereinfachten Gesetzes aufkommen.

Dr. Hoefer[2]) hat bei einer großen Anzahl Messungen die Wassertemperaturen längs eines geheizten Rohres bestimmt. Nach der Theorie sollte nun

$$\frac{t_f - t_{\text{Wand}}}{t_a - t_{\text{Wand}}} = \phi\left(\frac{a}{w \cdot d} \cdot \frac{z}{d}\right)$$

durch eine einzige Kurve darstellbar sein (Abb. 16). Dies trifft nun aber tatsächlich nicht zu, da die Versuche von Dr. Hoefer eine Kurvenschar bilden (Abb. 23). Diese verschiedenen Abweichungen lassen sich nun dadurch erklären, daß eben die Kenngröße $Re = \dfrac{w\,d\,\varrho}{\eta}$

---

[1]) Dr. Gröber, Grundgesetze der Wärmeleitung, S. 195.
[2]) Mitteilungen Maschinenlaboratorium Berlin, Heft V.

doch nicht immer vernachlässigt werden darf. Prof. Nusselt[1]) hat schon durch die Aufstellung einer genaueren Gleichung diese Abweichungen zu berücksichtigen versucht:

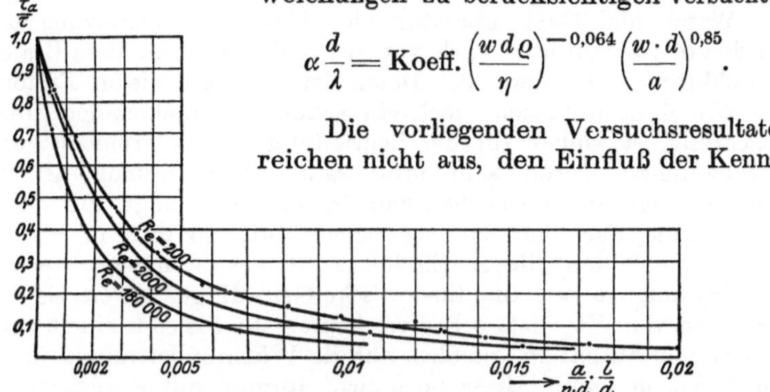

$$\alpha \frac{d}{\lambda} = \text{Koeff.} \left(\frac{w\,d\,\varrho}{\eta}\right)^{-0,064} \left(\frac{w \cdot d}{a}\right)^{0,85}.$$

Die vorliegenden Versuchsresultate reichen nicht aus, den Einfluß der Kenn-

Abb. 23. Temperaturverlauf längs des Rohres, nach Versuchen von Dr. Hoefer.

größe $Re = \dfrac{w\,d\,\varrho}{\eta}$, also der Zähigkeit zu bestimmen; es ist aber gar nicht notwendig, daß hier ein Potenzgesetz vorhanden sein muß. Die Werte $\left(\dfrac{w\,d\,\varrho}{\eta}\right)^{-0,064}$ nehmen sehr zwar rasch ab.

$x =$	1	10	10^2	10^3	10^4	10^5	10^6
$x^{-0,064}$	1	0,86	0,75	0,645	0,58	0,48	0,405

Da aber die Nusseltsche Gleichung nur oberhalb der kritischen Geschwindigkeit, also für Werte $Re > 1500$ bis 3000 gültig ist, und die praktischen Anwendungen kaum über Werte $Re < 1\,000\,000$ hinausgehen, liegen die Änderungen des Potenzgesetzes etwa zwischen 0,4 und 0,6. Die große Streuung der Nusseltschen Versuchswerte deuten aber auf viel größere Abweichungen hin. Für Werte $\dfrac{w\,d}{a} < 10\,000$ sind also die Rechnungen mit der vereinfachten Nusseltschen Gleichung noch mit einer Ungenauigkeit behaftet, deren Vernachlässigung aber die W.U.Z. meist zu klein erscheinen lassen, so daß die so berechneten Apparate dadurch einen Sicherheitszuschlag erhalten, der gern in Kauf genommen wird. Bei den folgenden Rechnungen ist deshalb der Einfluß der Zähigkeit zunächst vernachlässigt. Für sehr zähe Flüssigkeiten wie für Ölkühler können die so berechneten Apparate aber leicht viel zu groß ausfallen.

Schließlich sei noch eine Abhandlung von Dr. Nusselt erwähnt, worin er zum Resultat kommt, daß die W.U.Z. auch eine Funktion der Zeit ist[2]). Er schließt in einem kugelförmigen Behälter eine

---

[1]) Dr. Gröber, Grundgesetze der Wärmeleitung, S. 196.
[2]) Z. d. V. d. I. 1914, S. 361.

gewisse Gasmenge ein und führt ihr bei kalt bleibenden Wänden plötzlich durch Verbrennung Wärme zu, und findet, daß während der Abkühlung die augenblickliche W.U.Z. nicht nur abhängig von der Wand- und Gastemperatur, der Gaszusammensetzung und der Gasdichte ist, sondern auch von der Zeit, die seit dem Beginne der Abkühlung verstrichen ist. Damit ist zu den vielen Faktoren, die die W.U.Z. beeinflussen, noch ein neuer hinzugekommen. Diese Beobachtung ist sicher für die Beurteilung der Wärmebewegungen in Verbrennungsmotoren sehr interessant. Der Einfluß der Zeit ist aber, wie aus den Versuchen von Dr. Nusselt folgt, nur auf 0,2 sec nach Anfang der Verbrennung beschränkt, so daß in den meisten praktischen Fällen dieser Einfluß wohl vernachlässigt werden darf.

Hiermit ist nun die theoretische Grundlage, soweit sie jetzt für die Praxis von Wert ist, schon erschöpft; sie löst nur eine beschränkte Anzahl von Aufgaben, nämlich nur die Wärmeübertragung in Röhrenapparaten, und auch diese noch nicht immer mit genügender Sicherheit. Für alle anderen Fälle bleiben wir noch auf direkte Beobachtung angewiesen, und darum sind auch solche Versuchsresultate für die am häufigsten vorkommenden Verhältnisse zusammengestellt.

Die kritische Geschwindigkeit bei der Strömung in Rohren.

Da die Gleichung von Dr. Nusselt nur oberhalb der kritischen Geschwindigkeit gültig ist, seien einige Bemerkungen darüber eingeschaltet.

Nach den Versuchen von O. Reynolds ändert sich die Bewegungsart einer Flüssigkeit plötzlich, wenn die Geschwindigkeit einen gewissen kritischen Wert überschreitet, d. h. die geradlinige Bewegung der Flüssigkeitsteilchen geht in eine Wirbelbewegung über.

Die kritische Geschwindigkeit ist für verschiedene Flüssigkeiten verschieden, und auch bei gleicher Geschwindigkeit von der Temperatur abhängig.

$$w_k = K \frac{\eta}{d \varrho} = K \frac{\eta g}{d \gamma} \text{ m/sec}, \quad \ldots \ldots \quad (31)$$

worin $\eta =$ Zähigkeitszahl in kg/sec/qm, unabhängig vom Druck.

$g =$ Erdbeschleunigung in m/sec² $= 9{,}81$,

$d =$ Rohrdurchmesser in m,

$\gamma =$ spezifisches Gewicht in kg/cbm,

$K =$ Konstante (absolute Zahl $= 1450$ bis 3000).

Nach neueren Untersuchungen[1]) ist K keine absolut feststehende Zahl, sondern zwischen den Werten $K = 1450$ und 3000 herrscht labiles Gleichgewicht. Jede kleine Erschütterung genügt, um die geradlinige Bewegung in eine Wirbelbewegung umzuwandeln. Unter $K = 1450$ und über $K = 3000$ ist der Gleichgewichtszustand stabil und nicht zu stören.

---

[1]) Brabbée, Z. d. V. D. I. 1916, S. 447.

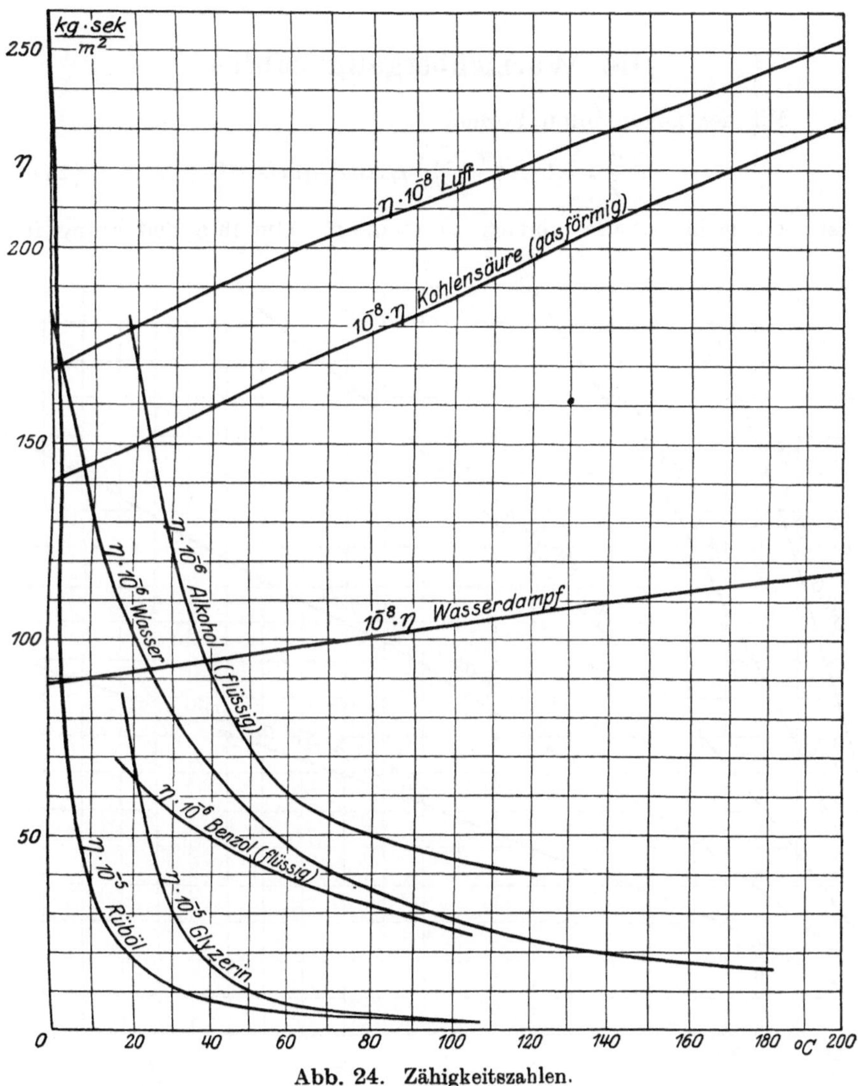

Abb. 24. Zähigkeitszahlen.

In Abb. 24 sind die Zähigkeitszahlen für einige Flüssigkeiten zusammengestellt, so daß damit die kritischen Geschwindigkeiten leicht zu rechnen sind. Wie aus dieser Abbildung zu sehen ist, ist die Zähigkeit von Flüssigkeiten, und damit auch die kritische Geschwindigkeit, sehr stark von der Temperatur abhängig.

Die Wärmeübergangszahlen.

Mit der allgemeinen Formel

$$\alpha \frac{d}{\lambda} = 18{,}1 \left(\frac{w_m d}{a}\right)^{0,8} f_L \ \text{kcal/qm/st/}^0\text{C} \ \ldots \ldots \ (27\,\text{c})$$

ist nun nicht gerade einfach zu rechnen. Um ihre Einführung in

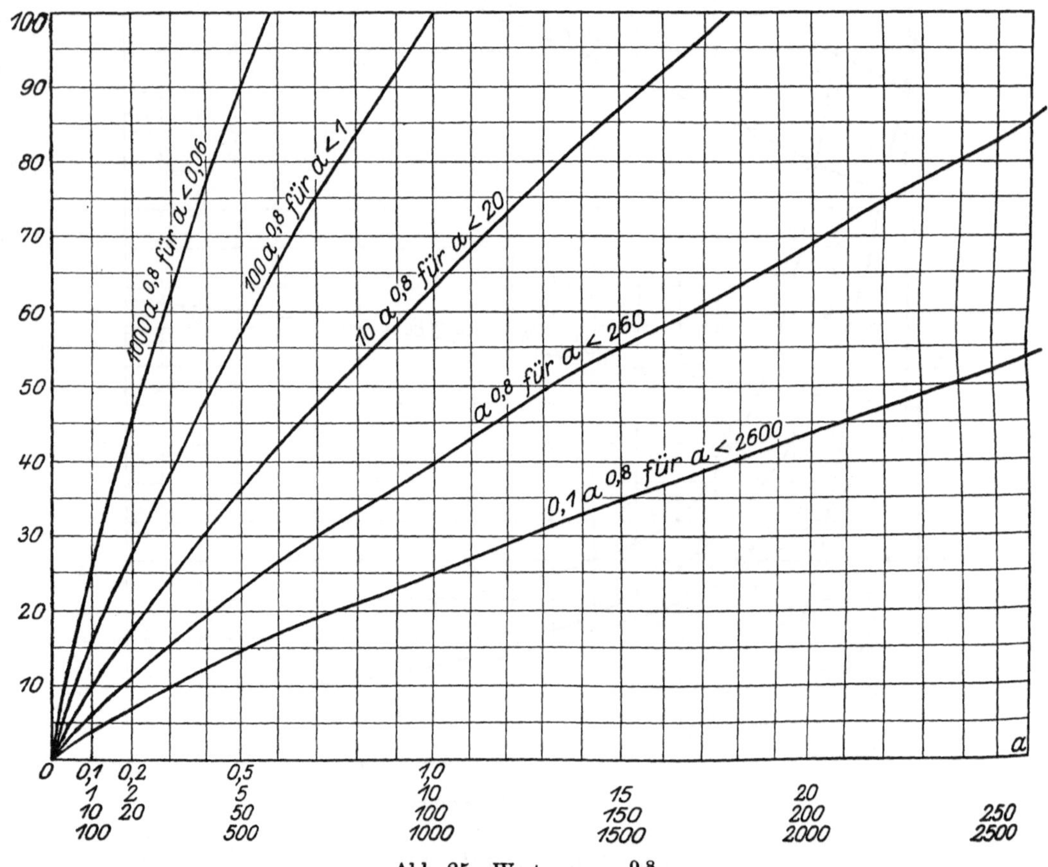

Abb. 25. Werte von $a^{0,8}$.

der Praxis zu erleichtern, sind nun zuerst auf Abb. 25 die Werte von $a^{0,8}$ aufgetragen, und zwar für $a = 0{,}01$ bis $a = 2600$.

Infolge der vielen Faktoren, welche in dieser Gleichung vorkommen, ist es auch nicht möglich, sämtliche Werte der W.U.Z. übersichtlich in einer Tabelle oder durch eine Kurvenschar darzustellen. Es müssen daher einige vereinfachende Annahmen gemacht werden, indem von einem „Normalfall“ ausgegangen wird, und dann untersucht, welche Abweichungen die Werte von α erfahren, wenn andere Verhältnisse als in diesem Normalfall mehr oder weniger willkürlich angenommen vorliegen. Ich scheide dazu die beiden Faktoren aus, über deren Einfluß noch am wenigsten Sicherheit herrscht.

1. Die Rohrlänge sei beschränkt auf Werte von $L > L_0$ (vgl. S. 50), so daß die W.U.Z. von ·L unabhängig ist. Für andere Werte von L muß die W.U.Z. mit einem Faktor f_L multipliziert werden, welcher in Abb. 26 eingetragen ist. Auch nehme ich an, daß bei den Versuchsverhältnissen von Dr. Nusselt $L > L_0$ war. Da Dr. Nusselt seine Messungen im ersten halben Meter des Versuchsrohres von 22 mm ϕ machte, sind

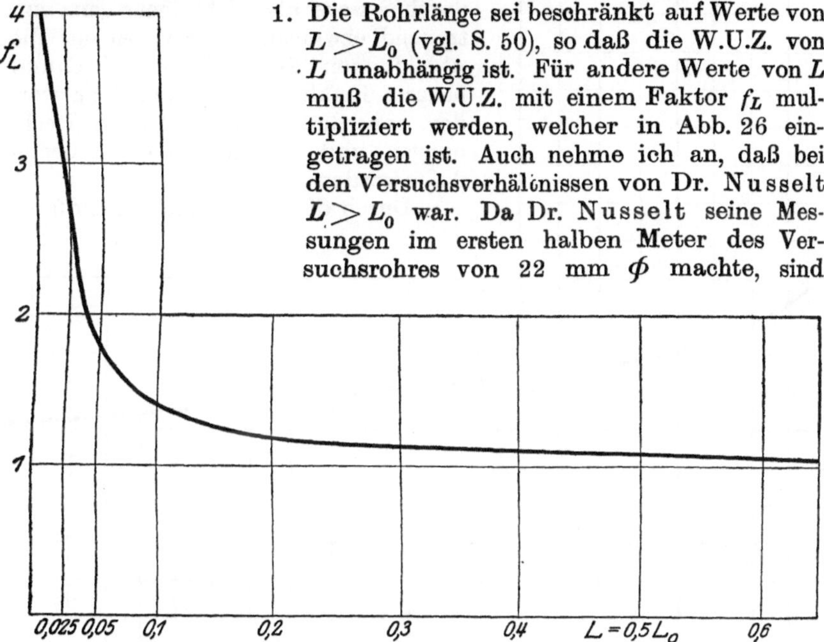

Abb. 26. Abhängigkeit der W.U.Z. von der Rohrlänge.

damit also verhältnismäßig kleine Werte von L_0 angenommen.

2. Für den Rohrdurchmesser sei $d = 22$ mm $= 0,022$ m angenommen. Dieser Durchmesser ist gewählt, weil Nusselt seine grundlegenden Versuche mit diesem Rohrdurchmesser gemacht hat. Für andere Werte von d müssen die W.U.Z. mit einem Faktor f_d multipliziert werden, welcher wie folgt berechnet ist:

$d =$	$d^{-0,2} =$	$f_d =$
0,005	2,885	1,345
0,01	2,512	1,17
0,02	2,186	1,02
0,022	2,15	1,0
0,03	2,017	0,94
0,05	1,82	0,85
0,07	1,702	0,795
0,10	1,585	0,74
0,20	1,38	0,64
0,70	1,075	0,50

Diese Werte sind in Abb. 27 eingetragen, um auch Zwischenwerte leicht ablesen zu können.

Sollte sich im Laufe der Zeit die angenommene Gesetzmäßigkeit für den Einfluß der Rohrlänge oder des Rohrdurchmessers als nicht mehr ganz zutreffend erweisen, so brauchen nur die Abbildungen 26 und 27 auf Grund neuerer Erfahrungen geändert zu werden, ohne daß die nachfolgenden Rechnungen und Tabellen dadurch beeinflußt werden.

Durch diese Annahmen vereinfacht

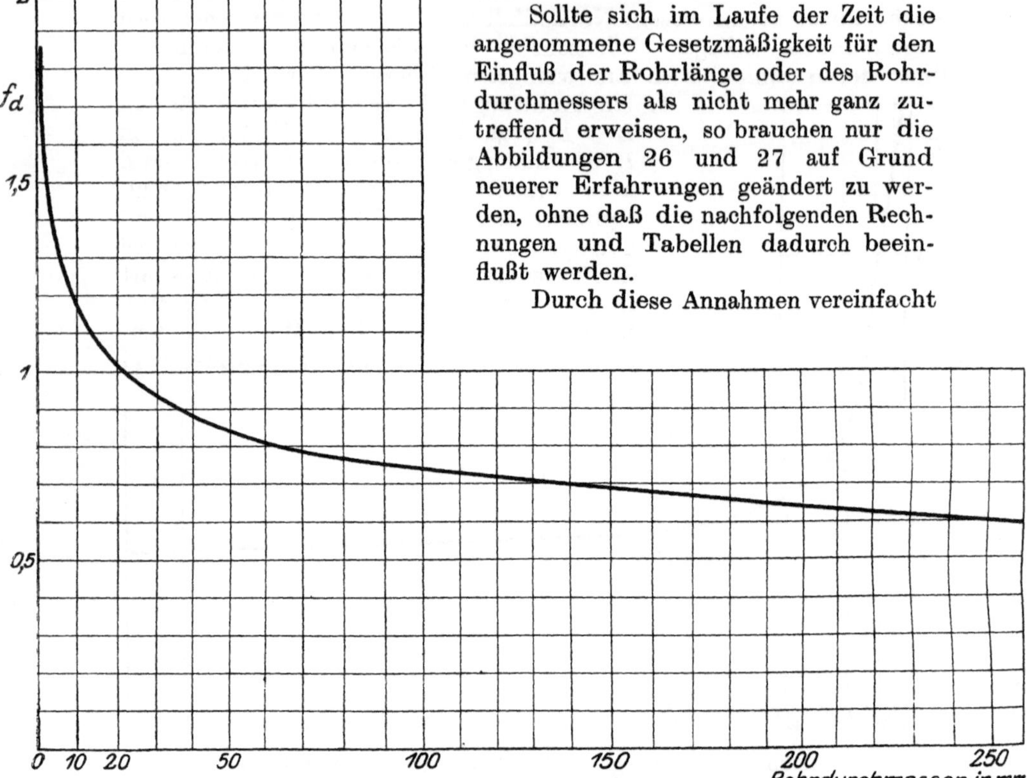

Abb. 27. Abhängigkeit der W.U.Z. von dem Rohrdurchmesser.

sich die allgemeine Formel für den „Normalfall"

$$\alpha_n = 39\,\lambda \left(\frac{w}{a}\right)^{0,8} \text{kcal/qm/st/}^0\text{C}, \quad \text{worin} \quad a = \frac{\lambda}{c\,\gamma} \text{ ist.} \quad (27\,\text{n})$$

Der Einfluß der Faktoren λ, γ, c_p ist je nach Art der Flüssigkeit (Luft, Gas, Wasser usw.) verschieden, und deshalb von Fall zu Fall näher zu untersuchen. Nach der Gastheorie muß die Wärmeleitezahl λ eines Gases, ebenso wie die Reibung, unabhängig vom Drucke sein, was auch durch Versuche innerhalb weiter Grenzen bestätigt worden ist.

I. Anwendung auf Luft.

Zur Vereinfachung der Rechnung seien noch folgende Annahmen gemacht:

1. Es sei von trockener Luft von 0^0 C und 760 mm Barometerstand ausgegangen, also $\gamma_{B=760}^{t=0^0\text{C}} = 1{,}293$.

Für andere Werte von B und t muß die W.U.Z. mit einem Faktor f_B multipliziert werden, welcher aus folgender Zusammenstellung zu entnehmen ist.

$$\gamma = 1{,}293 \qquad f_B = \left(\frac{1{,}25}{1{,}293}\right)^{0,8} = 1{,}0$$
$$= 1{,}25 \qquad\qquad\qquad\quad = 0{,}975$$
$$= 1{,}20 \qquad\qquad\qquad\quad = 0{,}945$$
$$= 1{,}15 \qquad\qquad\qquad\quad = 0{,}915$$
$$= 1{,}10 \qquad\qquad\qquad\quad = 0{,}880.$$

2. Die mittlere Temperatur $t_m = \dfrac{t_w + t_f}{2}$, für welche die Stoffkonstanten der Luft einzusetzen ist $= 0^{\circ}\,C$.

Der Einfluß anderer Temperaturen kommt durch die Änderung von $\lambda\left(\dfrac{w}{a}\right)^{0,8}$ zum Ausdruck. Die spezifische Wärme c_p der Luft (Tabelle 7) ist zwischen $0^{\circ}\,C$ und $100^{\circ}\,C$ und für $p = 1$ at so gut wie unabhängig von der Temperatur; für andere Spannungen darf aber der Einfluß der Temperatur nicht vernachlässigt werden. Die Änderungen von c_p lassen sich aber nicht in einer einfachen analytischen Formel ausdrücken, so daß für genaue Rechnungen immer die mittlere spezifische Wärme aus der Tabelle 5 zu entnehmen ist. Um aber die Rechnung zu vereinfachen, ist von einer mittleren spezifischen Wärme ausgegangen, welche dem Verlauf der Kurve von c_p für $t = 50^{\circ}\,C$ entspricht. Für stark abweichende Verhältnisse, also sehr hohe oder sehr tiefe Temperaturen, müssen die damit gerechneten Werte der W.U.Z. mit einem Faktor $f_c = \left(\dfrac{c^t}{c^{50^{\circ}}}\right)^{0,8}$ multipliziert werden, deren Werte von Fall zu Fall leicht zu rechnen sind. (Abb. 25.)

Tabelle 7 (zu Abb. 28).

Die spezifische Wärme c_p der Luft [kcal/kg] (F. Noll, Z. d. V. D. I. 1918, S. 66).

$^{\circ}\,C$	1 at	50 at	100 at	150 at	200 at
— 50	0,242	0,288	0,325	0,346	0,347
0	0,241	0,266	0,287	0,303	0,312
+ 50	0,241	0,257	0,271	0,282	0,290
100	0,242	0,253	0,263	0,271	0,278
150	0,243	0,251	0,258	0,265	0,270
200	0,244	0,249	0,255	0,260	0,265
250	0,244	0,249	0,254	0,258	0,261

NB. Bei 1 at kann der Einfluß der Temperatur berücksichtigt werden durch $c_p = 0{,}241 + 0{,}000031\,t$ (Nusselt, Z. d. V. D. I. 1917, S. 687).

Unter der Voraussetzung also, daß die spezifische Wärme von der Temperatur unabhängig ist, vereinfacht sich die allgemeine Gleichung

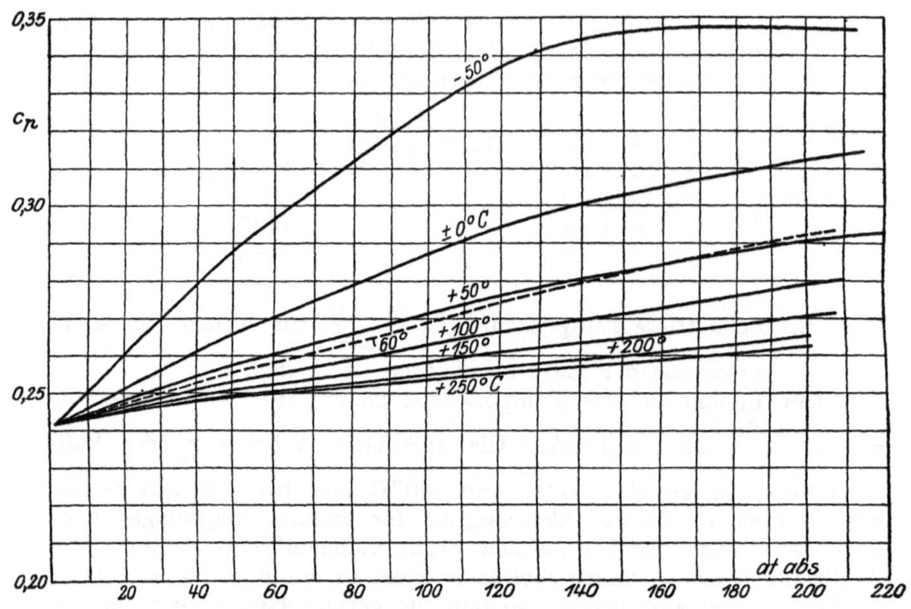

Abb. 28. Spezifische Wärme für Luft.
(Z. d. V. D. I. 1917, S. 147 und 1918, S. 66.)

$$\alpha_n = 39\,\frac{\lambda}{a^{0,8}}\,w^{0,8}, \quad \text{mit} \quad a = \frac{\lambda}{c\,\gamma} \quad \text{zu}$$

$$\alpha_n = A\,\lambda^{0,2}\,\gamma^{0,8}\,w^{0,8}\ \text{kcal/qm/st/}^0\,\text{C.}$$

Für das spezifische Gewicht gilt, wenn $p = $ konstant,

$$\gamma_t = \frac{\gamma_0}{1 + 0,003\,66\,t}.$$

Für die Wärmeleitzahl, bei nicht zu hohen Temperaturen

$$\lambda_t = \lambda_0\,(1 + 0,0029\,t), \quad \text{worin} \quad \lambda_0 = 0,020. \quad (\text{Abb. 29.})$$

und damit, bei gleichen Geschwindigkeiten

$$\alpha_n^{t^0} = \alpha_n^{0^0}\,\frac{(1 + 0,0029\,t)^{0,2}}{(1 + 0,003\,66)^{0,8}}.$$

Für andere Temperaturen als 0^0 C muß die W.U.Z. also mit einem

Faktor $f_t = \dfrac{(1 + 0,002\,9\,t)^{0,2}}{(1 + 0,003\,66\,t)^{0,8}}$ multipliziert werden, welche aus fol-

gender Tabelle zu entnehmen ist.

$t_m = $	$f_t = $
0^0 C	1
10	0,98
20	0,955
50	0,90
80	0,85
100	0,82

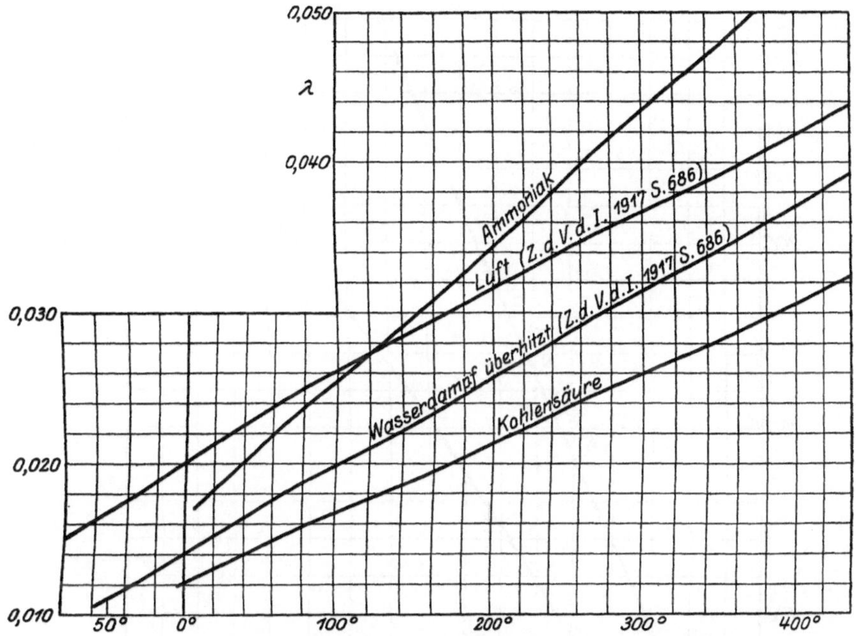

Abb. 29. Wärmeleitzahl für Gase (unabhängig vom Druck.
Näherungsgleichung für Luft: $\lambda = 0{,}020\,(1 + 0{,}0028\,t)$,
„ „ Wasserdampf: $\lambda = 0{,}014\,(1 + 0{,}0041\,t)$.

Prof. Rietschel[1]) fand bei seinen Versuchen, daß für Dampfspannungen von 1 bis 5,6 at absolut und mittleren Temperaturen von 20 bis 60° C eine gesetzmäßige Änderung von z in der Gleichung $\alpha = z\,G^n$ nicht nachweisbar ist, sondern daß für die Zwecke der Lüftungs- und Heizungstechnik die W.U.Z. unabhängig von der Temperatur angenommen werden kann. Daß diese Folgerung nicht zulässig ist, folgt aus obenstehendem Werte von f_t. Die allgemeine Theorie gibt hier also eine gewünschte Ergänzung zu diesen Versuchen, und Rietschel gibt dann auch in seinen Tabellen Umrechnungsfaktoren an, womit seine Tabellenwerte für Lufttemperaturen von 10 bis 50° C zu multiplizieren sind, und welche mit obenstehenden Werten von f_t gut übereinstimmen.

Eine Änderung des Luftdruckes bewirkt sowohl eine Änderung in c_p als in γ. Die Werte von b aus der allgemeinen Gleichung für den „Normalfall“

$$\alpha_n = 39\,\frac{\lambda}{a^{0,8}}\,w^{0,8} = b\,w^{0,8}\ \text{kcal/qm/st/}^0\text{C} \ . \ . \ . \ . \ (27\,\text{n})$$

sind für verschiedene Drücke in Tabelle 8 berechnet und in Abb. 30 zusammengestellt.

---

[1]) Mitteilungen der Prüfanstalt für Heizungs- und Lüftungseinrichtungen.

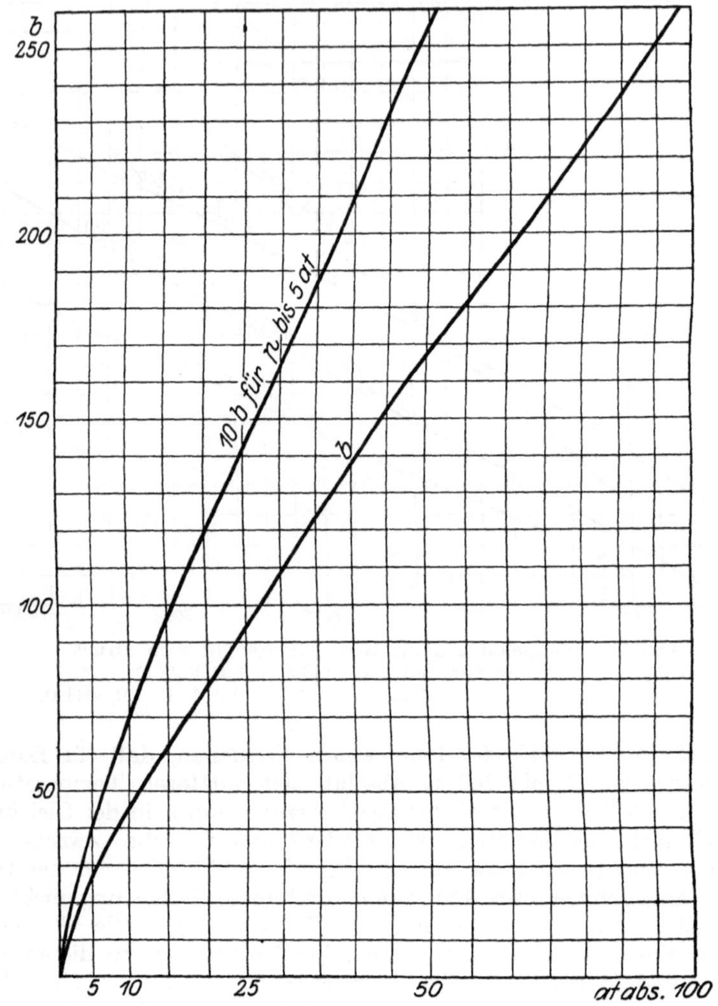

Abb. 30. Werte von b für Luft zur Berechnung von α aus $\alpha_n = b\,w^{0,8}$ kcal/qm/st/° C,
gültig für $d = 22$ mm; für f_d siehe S. 60,
$$L \geq L_0 \qquad \text{„} \; f_L \quad \text{„} \quad \text{S. 59,}$$
$$t_m = 0\,^\circ\text{C} \qquad \text{„} \; f_t \quad \text{„} \quad \text{S. 62,}$$
$$B = 76 \text{ cm Hg} \quad \text{„} \; f_B \quad \text{„} \quad \text{S. 61.}$$

Mit Hilfe dieser Abbildung und mit den Umrechnungsfaktoren f_t, f_B, f_d, f_L, f_c ist es nun in jedem Fall leicht möglich, den Wert der W.U.Z. schnell zu berechnen.

Bemerkenswert ist namentlich die starke Zunahme der W.U.Z. mit dem Druck, wie es z. B. für Zwischenkühler der Kompressoren oder für ganz·hohe Drücke bei Luftverflüssigung vorkommt. Auf

die sehr kleinen Werte der W.U.Z. für kleine Drücke, z. B. bei Dampfkondensatoren, hat Prof. Josse[1]) schon hingewiesen.

Tabelle 8.

Berechnung der Werte $b = 39 \dfrac{\lambda}{a^{0,8}}$ für Luft.

$$\alpha_n = b\, w^{0,8} \text{ kcal/st/qm/}^0 \text{ C.}$$

p in at abs.	c_p nach Tabelle für 50° C	γ von $\gamma_0 = 1{,}293$ ausgehend	$\dfrac{1}{a} = \dfrac{c_p\, \gamma}{\lambda}$ $\lambda_0 = 0{,}020$	$\left(\dfrac{1}{a}\right)^{0,8}$	b
0,1	0,24	0,129	1,55	1,45	1,1
0,5	0,24	0,646	7,75	5,1	3,95
1,0	0,24	1,293	15,5	8,95	6,95
1,5	0,24	1,94	23,2	12,5	9,8
2	0,24	2,59	31,0	15,5	12
3	0,24	3,88	46,5	21,5	16,5
4	0,24	5,18	62	27	21
5	0,24	6,46	77,5	32,5	25,5
6	0,245	7,76	95	38	29,5
8	0,245	10,36	126	48	37
10	0,245	12,93	158	57,5	45
15	0,245	19,4	237	79	61,5
20	0,245	25,9	317	100	78
30	0,25	38,8	485	140	109
40	0,25	51,8	660	178	138
50	0,255	64,6	820	215	168
60	0,26	77,6	1000	250	195
70	0,265	90,6	1200	290	225
80	0,265	103,6	1370	325	250
100	0,27	129,3	1750	400	310

NB. Gültig für $\alpha = 0{,}022$ m ϕ; für andere Werte von d, siehe S. 60,

$$L \gtreqless L_0 \qquad \text{"} \quad \text{"} \quad \text{"} \quad \text{"} \; L, \; \text{"} \quad \text{S. 59,}$$
$$t_m = 0 \qquad \text{"} \quad \text{"} \quad \text{"} \quad \text{"} \; t, \; \text{"} \quad \text{S. 62,}$$
$$B = 76 \text{ cm Hg} \quad \text{"} \quad \text{"} \quad \text{"} \quad \text{"} \; B, \; \text{"} \quad \text{S. 61,}$$
$$(c_p)_m \text{ für } 50^0 \text{ C;} \quad \text{"} \quad \text{"} \quad \text{"} \quad \text{"} \; c_p, \; \text{"} \quad \text{S. 61.}$$

Beispiel 12. Ein Automobilkühler, System Dr. Zimmermann[2]) besteht aus einer großen Anzahl Messingrohren von ca. 6 mm l. W. und 100 mm
Länge, durch welche die Luft strömt, während das Wasser um diese herum-
fließt.

$t_{\text{Wasser}} = 60^0$ C; die Wandtemperatur ist also noch etwas kleiner,
t_m der Luft $= 20^0$ C.

Die kritische Geschwindigkeit für Luft.

$$W_k = 1450 \frac{0{,}14}{0{,}6} = 340 \text{ cm/sec} = 3{,}4 \text{ m/sec.}$$

Nach Abb. 30 ist α_n für $p = 1$ at $= 6{,}95\, w^{0,8}$,

$$t_w = 60^0, \; t_c = 20^0; \quad t_m = 40^0, \; f_t = 0{,}91\,,$$
$$d = 6 \text{ mm}, \; f_d = 1{,}3; \quad f_B = 0{,}975\,,$$
$$L = 0{,}1 \text{ m}, \; f_l = 1, \text{ da } L > L_0 \text{ angenommen wird.}$$
$$\alpha = 6{,}95 \times 0{,}91 \times 1{,}3 \times 0{,}975\, w^{0,8} = 8\, w^{0,8}.$$

---

[1]) Z. d. V. D. I. 1908, S. 322.
[2]) Z. d. V. D. I. 1910, S. 519.

Eine vollständige Übereinstimmung zwischen Rechnung und Versuch ist auch nicht zu erwarten, denn es gibt hier noch viele Faktoren, welche nicht berücksichtigt werden können, z. B. die mehr oder weniger gleichmäßige Verteilung der Geschwindigkeit über den ganzeu Kühlerquerschnitt usw.

Auch für diesen, von den Versuchen von Dr. Nusselt stark abweichenden Fall, gibt die Theorie gut brauchbare Werte. (Abb. 31.)

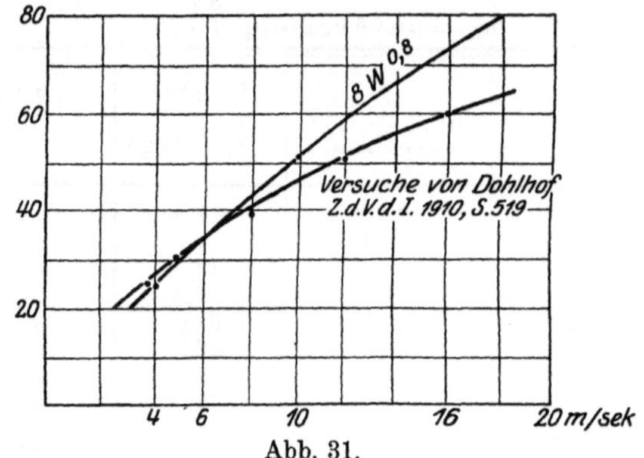

Abb. 31.

Der besonders für die Heiztechnik wichtige Fall, $w = 0$, wird dadurch noch verwickelter, weil die Wärme hierbei auch merkbar durch Konvektion und Strahlung übertragen wird, so daß neben den vielen Faktoren, welche die Wärmeleitung beeinflussen, noch andere kommen, wie Form, gegenseitige Lage, Farbe und Material der Heizfläche.

Über verschiedene Versuchswerte berichtet Prof. Rietschel in seinem bekannten Buch über Lüftungs- und Heizungsanlagen[1]). Aus praktischen Gründen legt er seinen Untersuchungen eine etwas abweichende Bestimmung von k zugrunde, und nimmt als mittlere Temperaturdifferenz den Temperaturunterschied des Heizkörpers und der eintretenden Luft an. Das ist bei der Anwendung seiner Werte zu beachten, denn diese Vereinfachung ist nur für kleine Temperaturdifferenzen zulässig.

Diesen Fall der freien Strömung hat Prof. Nusselt[2]) theoretisch näher untersucht, und er fand allgemein (vgl. S. 5)

$$\alpha \frac{l_0}{\lambda} = \text{Funktion} \left\{ \frac{l_0 \gamma (T_w - T_r) \beta}{\gamma g}, \; \frac{\lambda}{c_p \eta g} \right\} \quad \ldots \ldots \quad (2)$$

Wenn nun die Untersuchung auf die freie Strömung in Gasen beschränkt wird, so vereinfacht sich diese Funktion noch, und wird

$$\alpha = \frac{\lambda}{l_0} \text{Funktion} \left\{ \frac{l_0 \gamma^2 (T_w - T_r)}{g \eta^2 T_m} \right\} \quad \ldots \ldots \quad (2a)$$

Durch Verwertung einer großen Anzahl Versuche von Kennely,

---

[1]) Leitfaden für Lüftungs- und Heizungsanlagen. (J. Springer, Berlin.)
[2]) Gesundheitsingenieur 1915, Heft 42/43.

Wright, Byleveld, Langmuir und Wamsler hat er für diesen Fall die Gestalt der Funktion bestimmen können. (Abb. 32.)

Die gefundene Beziehung gilt genau nur für kleine Temperaturunterschiede $T_w - T_r$. Prof. Nusselt hat aber nachgewiesen, daß auch bei größeren Temperaturunterschieden die gleiche Beziehung vorhanden sein muß, wenn die Stoffkonstanten nur für eine mittlere Temperatur $T_m = \dfrac{T_w - T_r}{\ln \dfrac{T_w}{T_r}}$ eingesetzt werden.

Die Berechnung der Größe $\dfrac{d^3 \gamma^2 (T_w - T_r)}{g \eta^2 T_m}$ ist eine sehr umständliche Arbeit[1]). Wenn wir uns aber auf Werte größer als 1000 beschränken, so kann für dieses Gebiet die allgemeine Kurve (Abb. 32),

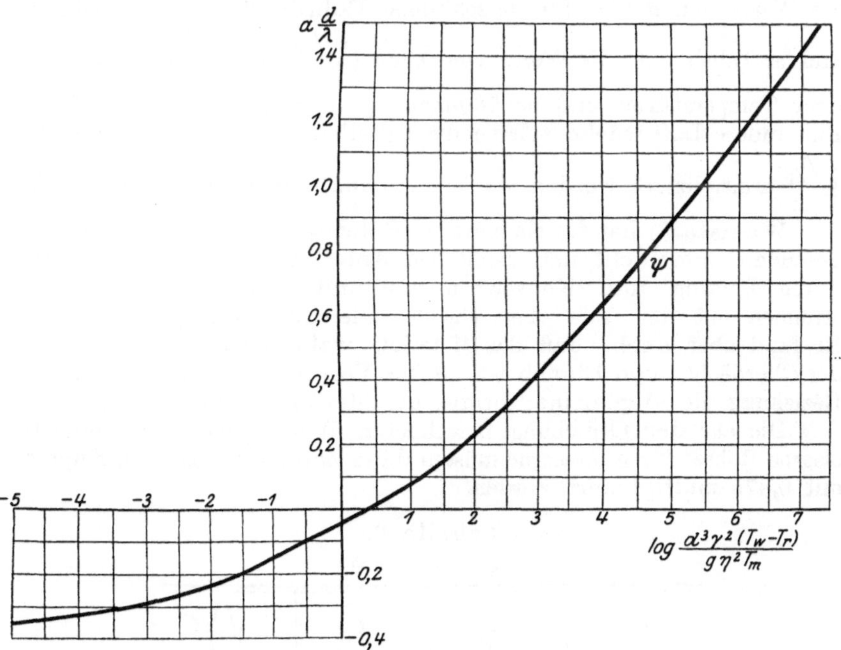

Abb. 32. Kennfunktion bei freier Strömung von Luft um einen horizontalen Zylinder. $\alpha \dfrac{d}{\lambda} = \psi \left\{ \dfrac{d^3 g^2 (T_w - T_2)}{g \mu^2 T_m} \right\}$.

welche hier geradlinig verläuft, durch eine Potenzfunktion ersetzt werden, und zwar durch:

$$\alpha \frac{d}{\lambda} = 0{,}468 \left\{ \frac{d^3 \gamma^2 (T_w - T_r)}{g \eta^2 T_m} \right\}^{1/4},$$

____

[1]) Dr. Gröber gibt auf S. 240 seines Buches eine Tabelle dafür.

5*

und da
$$T_m = (T_w - T_r) \ln \frac{T_r}{T_w} \quad \text{ist}^{1}),$$

$$\alpha = 0{,}264 \; \frac{1}{\sqrt[4]{d}} \cdot \lambda \sqrt{\frac{\gamma}{\eta}} \left(\ln \frac{T_w}{T_r} \right)^{1/4} = \frac{\Psi}{\sqrt[4]{d}} \; \text{kcal/qm/st/}^0\text{C}. \qquad (32)$$

Hierin ist

$g =$ Erdbeschleunigung $= 9{,}81$ m/sec^2,
$d =$ äußerer Rohrdurchmesser in m,
$\lambda =$ Wärmeleitzahl in kcal/m/st/^{0} C,
$\eta =$ Zähigkeitszahl in kg·sec/qm,
$T_r =$ absolute Raumtemperatur,
$T_w =$ absolute Wandtemperatur des Rohres,
$\gamma =$ spezifisches Gewicht in kg/cbm.

Zur leichteren Berechnung der Zahlenwerte sind in Tabelle 9 die Werte von $d^{-0{,}25}$ für verschiedene Rohrdurchmesser berechnet, und in Tabelle 10 die Werte von $0{,}264 \, \lambda \sqrt{\dfrac{\gamma}{\eta}} \left(\ln \dfrac{T_r}{T_w} \right)^{1/4}$ für verschiedene Temperaturen und bei 760 mm Hg absolutem Druck der Luft. Für andere Luftdrücke müssen die Tabellenwerte mit einem Faktor $\sqrt{\dfrac{\gamma_p}{\gamma}}$ multipliziert werden, da η und λ unabhängig vom Drucke sind.

Wamsler^2) hat für ein einzelnes Rohr den Einfluß der Strahlung besonders untersucht und damit den Anteil der Wärmeübertragung durch Leitung und Konvektion bestimmt. Seine Versuchswerte stimmen mit den aus obenstehender Gleichung sehr gut überein. Er fand aber auch, daß das Material, wahrscheinlich die Rauheit der Oberfläche, von Einfluß ist. Seine Versuche ergänzen in dieser Beziehung die allgemeine Theorie, die hierüber nichts aussagt.

Die aus der Gleichung berechneten Werte gelten für schmiedeiserne Rohre; für gußeiserne müssen diese Zahlen mit 0,94, für Kupfer mit 0,875 multipliziert werden.

Tabelle 9.

Werte von $d^{-0{,}25}$.

d	$\sqrt[4]{\dfrac{1}{d}}$	d	$\sqrt[4]{\dfrac{1}{d}}$
0,01 m	3,2	0,15	1,60
0,02	2,65	0,2	1,5
0,03	2,4	0,3	1,35
0,04	2,25	0,4	1,26
0,05	2,1	0,5	1,19
0,06	2,02	0,6	1,136
0,07	1,94	0,8	1,057
0,08	1,88	1,0	1,0
0,10	1,78	2,0	0,84

---

^{1}) Zur raschen Berechnung von T_m kann ebenfalls Tabelle 3 benützt werden.
^{2}) Mitteilungen über Forschungsarbeiten Heft 98/99. (Julius Springer, Berlin.)

Tabelle 10.

Zur Berechnung der Werte $\psi = 0{,}264\,\lambda\,\sqrt{\dfrac{\gamma}{\eta}}\left(\ln\dfrac{T_w}{T_r}\right)^{1/4}$ für $t_r = 20^{\circ}$.

$$\alpha = \psi\,\sqrt[4]{\frac{1}{d}}\ \text{kcal/qm/st/}^{\circ}\text{C.}$$

$t_w\ ^{\circ}\text{C}$	$\left(\ln\dfrac{T_w}{T_r}\right)^{1/4}$	λ_m	γ_m	$\eta_m\cdot 10^6$	$0{,}264\,\psi$
— 20	— 0,62	0,0204	1,29	1,69	2,92
± 0	— 0,533	210	1,25	1,75	2,52
+ 30	0,405	219	1,15	1,82	1,84
40	0,505	222	1,13	1,84	2,3
60	0,595	228	1,09	1,89	2,7
80	0,65	232	1,06	2,02	2,95
100	0,70	238	1,035	1,95	3,2
120	0,735	243	1,0	1,98	3,33
140	0,76	248	0,98	2,02	3,46
160	0,79	252	0,955	2,08	3,59
180	0,81	258	0,93	2,12	3,7
200	0,835	0,0264	0,915	2,17	3,8

Es sei noch besonders darauf hingewiesen, daß die Wärmestrahlung hierbei nicht berücksichtigt ist.

Beispiel 13. Wärmeverlust. Eine, wenn auch unerwünschte Wärmeübertragung ist der Wärmeverlust bei der Fortleitung von gesättigten oder überhitzten Dämpfen. Hierfür müssen auch die allgemeinen Gleichungen anwendbar sein.

Der Wärmeverlust gesättigter Dämpfe ist besonders leicht zu überblicken, da in der Gleichung $\dfrac{1}{k} = \dfrac{1}{\alpha_1} + \dfrac{\alpha}{2}\sum\dfrac{\delta}{\lambda}$ sowohl $\dfrac{1}{\alpha_2}$ als $\sum\dfrac{\delta}{\lambda}$ für nicht isolierte Leistungen gegenüber $\dfrac{1}{\alpha_1}$ zu vernachlässigen sind. In diesem Falle ist dann

$$t_{\text{Wand}} = t_{\text{Dampf}}\,.$$

In Abb. 34 sind sowohl die Werte von α für die Wärmeübertragung durch Leitung und Konvektion aus Gleichung

$$\alpha = 0{,}264\,\frac{1}{\sqrt[4]{d}}\,\lambda\,\sqrt{\frac{\gamma}{\eta}}\left(\ln\frac{T_r}{T_w}\right)^{1/4},$$

als durch Strahlung aus

$$\alpha_s = \frac{Q_s}{T_w - T_r} = c_1\,\frac{\left\{\left(\dfrac{T_w}{100}\right)^4 - \left(\dfrac{T_r}{100}\right)^4\right\}}{T_w - T_r} \qquad\text{(Abb. 1)}$$

eingetragen, und zwar für ein Rohr von 10 bis 1000 mm äußerer Durchmesser und 20° C Raumtemperatur, und mit $c_1 = 4{,}16$, d. h. mit einem Emissionsverhältnis von 0,9.

E. Hinlein[1]) untersuchte die Wärmeabgabe einer Trommel von 477,5 mm ϕ, bei Übertemperaturen von 8 bis 96° C. Bei ruhender Trommel muß obenstehende Gleichung für die durch Leitung und Konvektion übertragene Wärme gelten. Bei 20° C Temperatur

---

[1]) **Mitteilungen über Forschungsarbeiten Heft 98/99. (Julius Springer, Berlin.)**

der Umgebung gilt nach Tabelle 7 und 8, für 477,5 mm ϕ, wenn für Kupfer der Faktor 0,875 eingesetzt wird:

für $t_w = 40^0$ C　　$\alpha = 1,2 \times 2,3 \times 0,875 = 2,4$ kcal/qm/st/^{0} C .

　　　　60　　　　　　　　　　　　　　　　2,85

　　　　80　　　　　　　　　　　　　　　　3,0

　　　100　　　　　　　　　　　　　　　　3,13

Hierzu kommt noch die durch Strahlung abgegebene Wärme, worüber allerdings für polierte Fläche wenig zuverlässige Werte bekannt sind. Nehmen wir für poliertes Kupfer, nach Tabelle 1 etwa

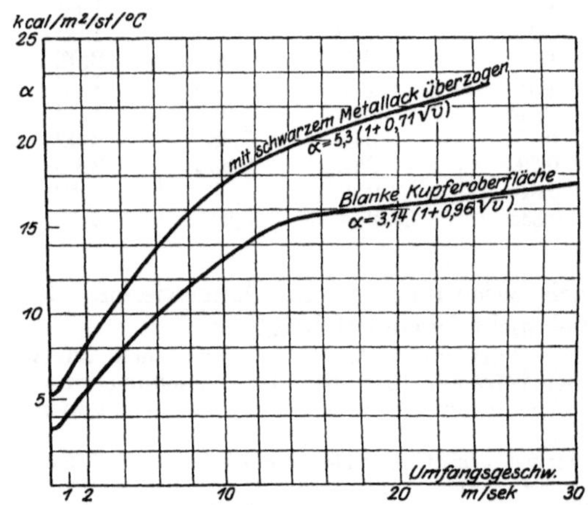

Abb. 33. Wärmeabgabe einer rotierenden Trommel, nach Versuchen von E. Hinlein.

$5^0/_0$ des für den absolut schwarzen Körper gültigen Wert, also rund 0,25, so wird

　　　　bei 40^0 C　　$\alpha = 2,75$

　　　　　　60　　　　　　3,10

　　　　　　80　　　　　　3,25

　　　　　100　　　　　　3,38

was mit dem durch Hinlein gefundenen Mittelwert 3,14 gut übereinstimmt.

Für die mit schwarzem Mattlack angestrichene Oberfläche ist der Einfluß der Strahlung natürlich größer, doch von der Anzahl der aufgetragenen Lackschichten abhängig. Hinlein fand hierfür $\alpha_t = 5,3$, so daß der Einfluß der Strahlung ca. 2,3, also etwa $50^0/_0$ des absolut schwarzen Körpers ist.

Bei rotierender Trommel nimmt die Wärmeabgabe mit der Umfangsgeschwindigkeit zu, und ist innerhalb den Versuchsgrenzen praktisch unabhängig von der Temperatur (bis 70^0 C Übertemperatur); das Versuchsresultat ist in Abb. 33 eingetragen.

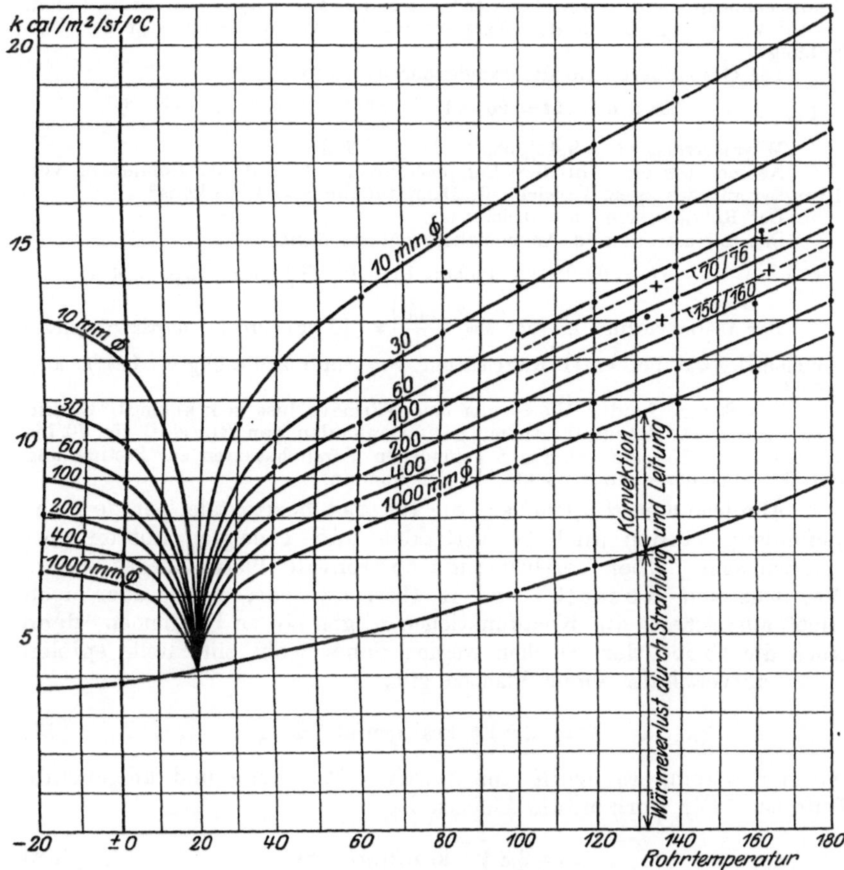

Abb. 34. Wärmeverluste eines eisernen horizontalen Rohres durch Leitung, Konvektion und Strahlung bei 20° C Raumtemperatur. NB. . . . . Versuchswerte von Eberle (Z. d. V. D. I. 1908, S. 545).

Zum Vergleich seien auch noch einige Messungen von Dr. van Rinsum an isolierten Rohren von 186 mm äußeren |Durchmesser erwähnt[1]). Zur Berechnung des Strahlungsanteils ist das Emmissionsverhältnis der aus lackiertem Nesseltuch bestehenden Oberfläche zu 70°/₀ des absolut schwarzen Körpers angenommen.

$$t_{\text{oberfl}} = 30^0\,\text{C} \quad \alpha_l = 1,8 \times 1,55 = 2,8 \quad \alpha_s = 3,5 \quad \alpha - 6,3\,\text{kcal}/\text{m}^2/\text{st}/^0\text{C}$$
$$40^0 \qquad\qquad\qquad\qquad\qquad 3,5 \qquad 3,8 \qquad 7,3$$
$$50^0 \qquad\qquad\qquad\qquad\qquad 3,9 \qquad 3,9 \qquad 7,8$$

Das so berechnete Resultat stimmt mit den Versuchen gut überein.

Beispiel 14. Durch die Saugleitung einer Ammoniakkältemaschine zwischen Verdampfer und Kompressor [Länge 60 m, 70/76 ⌀ mit zwölf

---

[1]) Dr. van Rinsum, Mitteilungen über Forschungsarbeiten, Heft 228.

Flanschenpaare und zwei Ventilen[1])] strömen gesättigte NH_3-Dämpfe von — 15° C. Wie groß ist der Wärmeverlust bei 20° C Temperatur der Umgebung?

Die Geamtoberfläche der Saugleitung ist rund

$$38,2\ \text{m}^2,\quad \varDelta t = 20 + 15 = 35°\,\text{C};\quad K = 9,4\,.\quad \text{(Abb. 34)}.$$

Wärmeverlust $Q = 9,4 \times 38,2 \times 35 = \mathbf{12\,600}$ cal/st.

Nehmen wir eine mittlere Dampfgeschwindigkeit in der Rohrleitung von 12 m/sec an; das spez. Gewicht, lt. Dampftabelle $\gamma = 1,905$ kg/m³.

Der Rohrquerschnitt $= 0,00385$ m².

Das durchströmende Ammoniakgewicht ist dann

$$G = 0,00385 \times 1,905 \times 12 = 0,088\ \text{kg/sec} = 316\ \text{kg/st}\,.$$

Der Wärmeverlust beträgt also $\dfrac{12\,600}{316} = 40$ cal pro kg durchströmendes Ammoniak, was bei einer Kälteleistung von rund 280 cal/kg ca. **14,1**$^0/_0$ ausmacht.

Die Summe beider Werte gibt den Wärmeverlust in kcal/qm/st/° C, und dieses gerechnete Resultat stimmt genau mit den von Eberle[2]) für 70 bis 76 mm ϕ und 150 bis 160 mm ϕ gefundenen Versuchswerten zur Bestimmung der Wärmeverluste eines nackten Rohres überein.

Ähnliche Kennfunktionen, wie für das horizontale, gerade Rohr gefundene, werden auch bei vertikalen und geneigten Rohren vorhanden sein. Über vertikale und horizontale Platten liegen einige Versuche von Nusselt[3]) und K. Hencky vor, welche aber noch nicht ausreichen, die Kennfunktionen allgemein zu bestimmen, denn auch die Größe der Flächen werden dabei wohl eine Rolle spielen

Für vertikale ebene Flächen gilt:

$$\alpha = 2,2\ \sqrt[4]{\tau}\ \text{kcal/qm/st/}°\,\text{C}\,,\ \ldots\ldots\ldots \quad (33)$$

worin $\tau =$ Temperaturdifferenz zwischen Wandung und umgebende Luft ist. Für horizontale Flächen ist

$$\alpha = 2,8\ \sqrt[4]{\tau}\ \text{kcal/qm/st/}°\text{C}\ \ldots\ldots\ldots \quad (33\,\text{a})$$

Die Wärmeübertragung durch Strahlung ist hierbei nicht berücksichtigt.

Tabelle 11.

W.U.Z. für vertikale und horizontale ebene Wandungen an ruhende Luft durch Konvektion und Leitung.

$\tau^0 =$	3	5	10	20	30	40	50	100	200
$\alpha =$	2,9	3,3	3,9	4,7	5,2	5,5	5,9	7,0	8,3

Für horizontale Flächen sind diese Werte mit 1,275 zu multiplizieren.

---

[1]) Der Wärmeverlust eines nackten Ventiles kann nach Versuchen von Eberle gleich dem Wärmeverlust von 1 m nackter Leitung angenommen werden.

[2]) Z. d. V. D. I. 1908, S. 545.

[3]) Mitteilungen über Forschungsarbeiten, H. 63/64.

Einen Beitrag zur Frage der Wärmeübertragung durch Konvektion für horizontale Flächen liefern auch die Versuche von Dr. Reutlinger[1]). Eine stark erhitzte Eisenplatte gibt die Wärme an einer auf 20 mm Entfernung dazu parallelen Eisenplatte von 20 mm Stärke durch Strahlung, Konvektion und Leitung ab.

Es sei T_h oder t_h die Temperatur der Heizplatte,

t_f = die Temperatur der siedenden Flüssigkeit = 100° C,

t_{w_2} = die Wandtemperatur an der Wasserseite,

t_{w_1} oder T_{w_1} die Wandtemperatur an der anderen Seite,

Q = die totale abgegebene Wärmemenge, = $Q_s + Q_l + Q_k$,

Q_s = die Strahlungswärme,

Q_l = die durch Leitung übertragene Wärme,

Q_k = die durch Konvektion übertragene Wärme.

Die pro Quadratmeter durch Strahlung übertragene Wärme kann aus der Gleichung

$$Q_s = c_1 \left\{ \left(\frac{T_h}{100} \right)^4 - \left(\frac{T_{w_1}}{100} \right)^4 \right\} \ \ \ldots \ldots \ldots (1)$$

berechnet werden, sobald die Wandtemperatur T_{w_1} bekannt ist.

$$t_{w_2} = t_f + \frac{Q}{\alpha_f}$$

worin α_f die W.U.Z. zwischen Wand und siedendes Wasser ist = 1150 (S. für reine Oberfläche)

$$t_{w_1} = t_{w_2} + Q \frac{\delta}{\lambda}$$

$$= t_f + Q \left(\frac{1}{\alpha_f} + \frac{\delta}{\lambda} \right), \text{ worin } \delta = 0{,}02 \text{ m und } \lambda = 56 \text{ ist,}$$

$$= 100 + Q \, (0{,}00087 + 0{,}000357)$$

$$= 100 + 0{,}00113 \, Q \, .$$

Die pro Quadratmeter durch Leitung übertragene Wärme

$$Q_l = k \, (t_h - t_f) \, ,$$

worin
$$\frac{1}{k} = \frac{1}{\alpha_1} + \frac{1}{\alpha_2} + \frac{0{,}02}{56} + \frac{0{,}02}{\lambda_l} + \frac{1}{\alpha_f} \, .$$

Die Werte α_1, α_2 und λ_l hängen nun von der Lufttemperatur ab, welche zum voraus nur geschützt werden kann.

$$\alpha_1 = \alpha_2 = \sqrt[4]{c} \text{ zu rd. 10 geschätzt}$$

$$\lambda_l = \text{(vgl. S. 76) für } 500° \text{ C ca. 0,04}$$

$$\text{für } 200° \text{ C ca. 0,03}$$

und damit

$$\frac{1}{k} = 0{,}1 + 0{,}1 + 0{,}00036 + 0{,}5 + 0{,}00088 = 0{,}71 \text{ (für } 500° \text{ C)}$$

und $k = 1{,}4$.

---

[1]) Mitteilungen über Forschungsarbeiten, Heft 94.

Der Hauptwiderstand ist die Wärmeleitung durch die Luft, wodurch auch große Temperaturunterschiede darin entstehen würden. Diese verursachen aber eine lebhafte Bewegung der einzelnen Flüssigkeitsteilchen, wodurch die Wärmeübertragung durch Konvektion begünstigt wird.

Dieser Anteil der Wärmeübertragung durch Konvektion und Leitung läßt sich nun aus den Versuchen von Dr. Reutlinger bestimmen.

$t_h=600\,^0\mathrm{C}$	[1]$t_{w_1}=130\,^0\mathrm{C}$	[1]$Q_s=25{,}400$	$Q=31{,}000$	$Q_l+Q_k=5600$	$k_{k+l}=11{,}2$
500	118	15,300	18,000	2700	6,8
400	113	8,500	10,000	1500	5,0
300	105	4,050	4,650	600	3,0

Für Heizkörper, wobei die Luft die Röhren umspült, liegen auch verschiedene Versuche vor.

Prof. Rietschel[2] fand für einen Röhrenapparat mit Rohren von 33 mm äußerem Durchmesser und 5 mm Zwischenraum

$$\text{für } 2 \text{ Rohrreihen: } k = 15{,}8 \ (\gamma w)^{0{,}59}$$
$$3 \quad \text{''} \qquad 16{,}9$$
$$4 \quad \text{''} \qquad 18{,}1$$

Versuche von Dohlhof[3] an Automobilkühlern ähnlicher Konstruktion, bestehend aus 7 reihigen in der Luftrichtung flachgedrückten dünnen Messingrohren, ergaben für die Wärmedurchgangszahlen ungefähr, bei rd. 60° C Oberflächentemperatur

$$k = 10{,}3\, w^{0{,}7}$$

und

$$k = 13{,}9\, w^{0{,}7},$$

wenn die Rohre außerdem noch schraubenförmig gewellt waren.

Bei einem Sendric-Heizapparat von Gebrüder Sulzer A.-G.[4] folgten die Wärmedurchgangszahlen etwa dem Gesetz $k=10+4{,}15\,w$, verlaufen also gradlinig.

Der Rhombicus-Luftkühler, der aus rhombischen glattwandigen Zellen mit schmalen Spalten gebildet ist, ergab für die Wärmedurchgangszahlen nach Versuchen von Margolis[5]

$$k = 9{,}85 \left(\frac{w}{1 + \alpha\, t_m} \right)^{0{,}65}.$$

Ott[6] findet für die Wärmeübergangszahl von kleinen horizontalen Blechflächen an strömende Luft (von 0 bis 30 m/sec. Geschwindigkeit) und durchschnittlich 60° C Temperatur

$$\alpha = 18{,}6\ (1 + 0{,}25\,w) \ \text{kcal/qm/st/}^0\text{C für die Nackte}$$

und $\quad \alpha = 26\ (1 + 0{,}107\,w)$ für die stark lackierte Oberfläche,

---

[1]) Durch Versuch bestimmt.
[2]) Mitteilungen der Prüfanstalt, Heft 3.
[3]) Z. d. V. d. I. 1910, S. 464.
[4]) M. Hottinger, Schw. Bauzeitung, Bd. LXVII, S. 271.
[5]) Z. d. V. d. I. 1916, S. 916.
[6]) Mitteilungen über Forschungsarbeiten, Heft 35/36.

also eine lineare Zunahme der W.U.Z. mit der Luftgeschwindigkeit. Diese Werte erscheinen reichlich hoch, namentlich für ruhende Luft; bei einer weiteren Versuchsreihe mit blanken Blechen, fand er für ruhende Luft, ohne nähere Temperaturangaben $\alpha = 14{,}4$ kcal/qm/st/^{0} C.

Eine systematische Fortsetzung solcher Versuche auf breiterer theoretischer Grundlage ist sehr wünschenswert, da aus den vorliegenden Versuchen eine allgemeingültige Gesetzmäßigkeit noch nicht abzuleiten ist.

II. Anwendung auf Rauchgase.

Die Verbrennungsgase sind eine Mischung von CO_2, H_2O und einem wesentlich aus Stickstoff bestehenden Gasrest. Die Rechnung ist auf $p = 1$ at beschränkt und für die Dichte und Wärmeleitzahl sind einfachheitshalber die Werte von Luft von der gleichen Temperatur benützt, was praktisch genügend genau für diesen Zweck zulässig ist.

Die Rauchgastemperaturen sind stark verschieden, etwa von 250 bis 1500^0 C. Ihr Einfluß ist aber leicht zu berücksichtigen, doch darf hier die spezifische Wärme bei den großen Temperaturgrenzen nicht mehr als unveränderlich angenommen werden. Auch müssen für die Wärmeleitzahlen λ die Werte nach der genauen Formel

$$\lambda = 0{,}00167 \frac{(1 + 0{,}000194\, T)\sqrt{T}}{1 + \dfrac{117}{T}} \quad \text{kcal/m/st/}^0\text{C eingesetzt werden.}$$

In Tabelle 12 sind nun die Werte von b aus $\alpha_n = b\,w^{0,8}$ berechnet.

Dr. Hilliger[1]) machte Versuche an einem Lokomobilkessel mit Rauchrohren von 45/51 mm ϕ und fand experimentell für die Wärmedurchgangszahl $k = 3{,}56\,w^{0,76}$. In der allgemeinen Gleichung

$$\frac{1}{k} = \frac{1}{\alpha_1} + \frac{1}{\alpha_2} + \sum \frac{\delta}{\lambda}$$

kann $\sum \dfrac{\delta}{\lambda}$ vernachlässigt werden und α_2 (W.U.Z. horizontale Fläche siedendes Wasser, S. 104) ist rund 1100, so daß $k \sim \alpha_1$.

Seine Rauchgastemperaturen schwanken zwischen 400 und 1000^0 im Mittel, also 700^0 C; die Wandtemperatur ist rund 160^0 C, so daß $t_m = \dfrac{700 + 160}{2} = 430^0$ C ist. Nach unserer Tabelle ist für diese Temperatur $\alpha_n = 4\,w^{0,8}$, und, da die Rauchrohre 45 mm inneren Durchmesser haben, $f_d = 0{,}86$ (S. 60) wird $\alpha = 3{,}52\,w^{0,8}$, also eine außerordentlich gute Übereinstimmung zwischen Rechnung und Versuch.

---

[1]) Z. d. V. D. I. 1916, S. 883.

Diese für Rauchgase berechneten W.U.Z. gelten bei den gleichen Temperaturen auch für die Abgase der Verbrennungsmotoren.

Tabelle 12.

Berechnung der Werte $b = 39 \dfrac{\lambda}{a^{0,8}} = 39\,\lambda^{0,2}\,(c_p\,\gamma)^{0,8}$ für Rauchgase.

$$\alpha_n = b\,w^{0,8} \ \text{kcal/st/qm/}^0\text{C}.$$

t_m ^{0}C	c_p für Luft 1 at	Wärmeleitzahl λ	Spez. Gew. γ	$\lambda^{0,2}$	$(c_p\gamma)^{0,8}$	$b = 39\,\lambda^{0,2}\,(c_p\,\gamma)^{0,8}$
250	0,244	0,034	0,67	0,5085	0,2355	4,2
500	0,256	0,046	0,45	0,5402	0,1834	3,9
750	0,263	0,053	0,34	0,556	0,1450	3,14
1000	0,271	0,065	0,27	0,579	0,1232	2,8
1500	0,287	0,10	0,2	0,631	0,0642	1,6

NB.   Gültig für $d = 0,022$ m ϕ; für andere Werte von d; f_d siehe S. 60,

       $L \lessgtr L_0$;   „   „   „   „ L; f_L „   S. 59,

       $B = 76$ cm Hg;   „   „   „   „ B; f_B „   S. 61.

Berechnung der Dampfkesselheizfläche.

a) Für die unmittelbare Heizfläche von einem Flammrohrkessel. Es sei

$F =$ unmittelbare Heizfläche,

$F_r =$ Rostfläche,

T_1 oder t_1 die Verbrennungstemperatur,

T_2 oder t_2 die Temperatur der Heizgase hinter der Feuerbüchse.

Da nahezu alle von der Rostfläche ausgesandten Strahlen die Heizfläche treffen, ist $\varphi = 1$, und also die von dort ausgestrahlte Wärme

$$Q_s = c_1 F_r \left\{ \left(\frac{T_1}{100}\right)^4 - \left(\frac{T_2}{100}\right)^4 \right\} \text{ cal/st.}$$

Diese Wärme wird durch F m² Heizfläche aufgenommen, also pro Quadratmeter

$$= c_1 \frac{F_r}{F} \left\{ \left(\frac{T_1}{110}\right)^4 - \left(\frac{T_2}{100}\right)^4 \right\}.\ ^{1)}$$

Für $\dfrac{F_r}{F} = 0,5$ und $t_1 = 1080^0$ C, $\alpha_s =$ ca. 65 kcal/qm/st/^{0}C (n. Fig. 1),

$$t_2 = 680^0 \text{ C}, \quad \alpha_s = \text{ca. } 33 \text{ kcal/qm/st/}^0\text{C},$$

wenn die Temperatur des Kesselwassers $= 180^0$ C angenommen wird.

Die totale durch Leitung und Strahlung übertragene Wärmemenge ist

$$Q = K F \tau_m, \quad \text{worin} \quad K = \alpha_1 + \alpha_s.$$

---

[1] Diese Gleichung ist nicht genau, denn auch hier sollte die Winkelfunktion φ eingeführt werden. Die genaue Rechnung ist zu finden in M. Gembel, Wärmestrahlung, S. 60. (J. Springer, Berlin.)

Die Werte von α_1 hängen von der Temperatur und Geschwindigkeit der Rauchgase ab. Nehmen wir an, daß bei $t = 250^0$, $w = 6$ m/sec ist und daß die Querschnitte konstant sind, so ist bei

$$t = 1080^0, \quad w_{1080} = w_0 \, (1 + 0{,}00366 \times 1080) = 4{,}94 \, w_0,$$
$$t = 680^0, \quad w_{680} = w_0 \, (1 + 0{,}00366 \times 680) = 3{,}5 \, w_0,$$
$$t = 250^0, \quad w_{250} = w_0 \, (1 + 0{,}00366 \times 250) = 1{,}91 \, w_0,$$

also

$$w_{1030} = \frac{4{,}92}{1{,}91} \times 6 = 15{,}6 \text{ m/sec},$$

$$w_{680} = \frac{3{,}5}{1{,}91} \times 6 = 11 \text{ m/sec}$$

und mit Tabelle 11

$$\alpha_n = 2{,}7 \times 15{,}6^{0,8} = \text{rd. } 24 \text{ kcal/qm/st/}^0\text{C},$$
$$\text{resp.} = 3{,}3 \times 11^{0,8} = \text{rd. } 22 \text{ kcal/qm/st/}^0\text{C},$$

wobei noch der Flammrohrdurchmesser zu berücksichtigen ist.

b) Bei **Unterfeuerungen** liegen die Verhältnisse darum etwas verwickelter, weil dort drei Flächen sich gegenseitig Wärme zustrahlen, nämlich die Rostfläche, die gemauerten Wandungen und die Heizfläche. Die Rostfläche strahlt eine bestimmte Wärmemenge unmittelbar an die Heizfläche ab, einen zweiten Betrag an die Wandungen, welche ebenfalls durch Berührung mit den Heizgasen Wärme empfangen und die Summe beider durch Strahlung an die Heizfläche abgeben.

Die von den Wandungen durch Berührung aufgenommene Wärme kann gegenüber der Gesamtwärme nicht groß sein, denn sowohl die W.U.Z. als die Temperaturdifferenz sind klein. Vernachlässigen wir diese zunächst, so geben die Wandungen nur die Wärme ab, welche sie durch Strahlung vom Rost erhalten, und wenn das ohne Verlust ginge, so wäre dieser Fall auf die Innenfeuerung zurückgeführt.

In der Gleichung

$$K = \alpha_1 + \varphi \, \frac{F_r}{F} \, \frac{\left\{ \left(\dfrac{T_1}{100}\right)^4 - \left(\dfrac{T_2}{100}\right)^4 \right\}}{T_1 - T_2} \text{kcal/qm/st/}^0\text{C}$$

ist dann noch ein Faktor φ eingeführt, welcher die Abweichungen von diesem Fall berücksichtigen soll. Nach **Möllier** ist $\varphi = 0{,}6$ bis $0{,}8$.

Wie die Wärmedurchgangszahlen sich innerhalb eines Kessels tatsächlich verändern, zeigt eine Versuchsreihe von **Fuchs**[1]).

Wenn auch die Anwendung der Strahlungsgesetze auf die Berechnung der Dampfkesselheizfläche dadurch erschwert wird, daß nur ein zum voraus kaum zu bestimmender Teil der Heizfläche bestrahlt wird, so folgt doch aus diesen Betrachtungen, daß man die Dampferzeugung steigern kann, indem die vom Rost bestrahlte Heizfläche vergrößert wird und hochtemperierte strahlende Flächen ent-

---

[1]) Z. d. V. D. I. 1904, S. 379. Vgl. auch **Reutlinger**, Mitt. ü. Forschungsarbeiten, H. 94.

sprechend anordnet. Auf diesem Prinzip sind auch die neuen Steilrohrkessel aufgebaut [1]).

c) Rauchgasvorwärmer.

Der gleiche Einfluß der Strahlung, wenn auch in geringerem Umfang, ist auch bei Rauchgasvorwärmer (Ekonomiser) zu erwarten. Die strahlende Fläche ist hier die Ummauerung, und darum sollten bei den Versuchen an solchen Apparaten immer die Größen und die Temperatur der Mauerflächen angegeben werden. Infolge der Änderung der Wasser und Rauchgastemperaturen ist der Einfluß der Strahlung über die Heizfläche verschieden.

Man kann die mittlere Temperatur der Ummauerung wohl ungefähr berechnen. Wenn $t_1 =$ die eintretende, $t_2 =$ die austretende Gastemperatur ist, und $\tau_m =$ die mittlere Temperaturdifferenz, dann ist die durch Leitung an die Mauerfläche abgegebene Wärme:

$$Q = \alpha F \tau_m,$$

wovon, wie wir annehmen wollen, $\varphi\,^0/_0$ durch Strahlung an die Rauchrohroberfläche abgegeben wird. Dann ist die mittlere Wandtemperatur aus folgender Gleichung zu bestimmen:

$$\alpha F \tau_m = \varphi c_1 F_m \left\{\left(\frac{T_w}{100}\right)^4 - \left(\frac{T_r}{100}\right)^4\right\}.$$

Die Rauchgase umspülen die Wasserröhren; will man aber die Versuchswerte von Luft auf diesen Fall übertragen, so muß das viel kleinere spezifische Gewicht der Rauchgase bei den dort vorhandenen Temperaturen berücksichtigt werden, wodurch die Wärmedurchgangszahlen bedeutend kleiner werden.

Die genaue Vorausberechnung der Heizfläche stößt also jetzt noch auf viel Faktoren, welche nicht berücksichtigt werden können. Nur soviel kann mit Sicherheit gesagt werden, daß die Wasserführung, d. h. die Wassergeschwindigkeit nur eine ganz untergeordnete Rolle dabei spielt, denn sogar für ruhendes Wasser ist die W.U.Z. etwa 300 bis 500, je nach Temperatur, gegenüber die für Rauchgase gefundenen Werte von 10 bis 15 fast zu vernachlässigen. Das ist auch durch mehrfache Versuche nachgewiesen worden.

Die Verbesserung der Ekonomiser muß also nur auf der Seite der Rauchgase gesucht werden, namentlich durch zweckmäßige Ausnützung der strahlenden Flächen. In dieser Richtung bewegen sich auch die Neuerungen, wobei Wärmedurchgangszahlen bis $K = 26$ beobachtet worden sind [2]).

Am genauesten lassen sich noch die Rauchgasvorwärmer für Lokomotiven berechnen, da dort der Einfluß der Strahlung vernachlässigt werden kann. Beispiel 15 u. 16.

Beispiel 15.

Wie groß sind die W.U.Z. in einem Rauchrohr einer Lokomotive mit 2,5 qm. Rostfläche und 140 Rohre 45/50 mm $\varnothing$, wenn 300, 500 resp. 700 kg Kohlen pro qm Rost verbrennt werden, und wenn die Temperatur im Anfang der Rohre 1000° C ist?

---

[1]) Z. d. V. D. I. 1913, S. 1730.
[2]) (Münzinger) Z. d. V. D. I. 1913, S. 1730.

An Stelle der Gleichung $\alpha_n = b w^{0,8}$ wird hier zweckmäßig von Gleichung (27 d) ausgegangen, indem das unveränderliche Rauchgasgewicht G kg/sec eingeführt wird.

$$\alpha = 18,1 \frac{\lambda^{0,2}}{d} \left(\frac{4\, G \cdot c_p}{\pi\, d} \right)^{0,8} \text{kcal/m}^2/\text{st}/^{\circ}\text{C} \quad \ldots \ldots \quad (27\,\text{d})$$

Die W.U.Z. hängt von der Wärmeleitzahl λ ab, d. h. von der Rauchgastemperatur. Nach Tabelle 11 ändert sich $\lambda^{0,2}$ zwischen 250 und 1000° C nur von 0,51 bis 0,58, also um etwa 10%. Da die Endtemperaturen der Rauchgase bei verschiedenen Rostbeanspruchungen etwa zwischen 300 und 450° C liegen, darf annähernd die mittlere Temperatur, wofür die Werte von λ einzusetzen sind, unveränderlich zu

$$t_m = \frac{1}{2} \left(\frac{1000 + 375}{2} - 160 \right)$$

angenommen werden, also $\lambda^{0,2} = $ rd. 0,54.

Aus 1 kg mittlere Steinkohlen entstehen im Lokomotivkessel rd. 16 kg Rauchgase, so daß

$$G = \frac{16 \cdot B \cdot R}{3600 + 140} \text{ kg/sec/Rauchrohr ist.}$$

B kg Kohlen pro m² Rost u. St.	G kg/sec	$\dfrac{4\,G\,c_p}{\pi\,d}$	$\left(\dfrac{4\,G\,c_p}{\pi\,d}\right)^{0,8}$	α
300	0,0238	0,169	0,25	55
500	0,0396	0,282	0,375	83
700	0,0555	0,395	0,48	104

Beispiel 16.

Ein Rauchgasvorwärmer einer Lokomotive besteht aus 268 ringförmig angeordneten Heizrohren von 25/30 mm ϕ, welche durch 8600 kg Speisewasser umspült werden. Wie lang müssen die Rohre sein, damit das Wasser von 10 auf 125° C erwärmt werden kann, und die Temperatur der Rauchgase in der Rauchkammer 250° C ist?[1])

Wasser und Rauchgase tauschen ihre Wärme hier in Kreuzstrom aus. Unter der vereinfachenden Annahme, daß die Temperaturen geradlinig verlaufen, ist die Wärmemenge

$$Q = \frac{t_1 - t_1'}{\dfrac{1}{k\,F_1} + \dfrac{1}{2\,G\,c} + \dfrac{1}{2\,G''\,c'}} \quad \ldots \ldots \ldots \ldots \quad (21)$$

Um die Größe der Heizfläche zu berechnen, muß also zuerst k bestimmt werden.

$$\frac{1}{k} = \frac{1}{\alpha_1} + \frac{1}{\alpha_2} + \Sigma \frac{\delta}{\lambda} \quad \ldots \ldots \ldots \ldots \ldots \quad (8)$$

Für Rauchgasvorwärmer darf $\Sigma \dfrac{\delta}{\lambda}$ meist gegenüber der W.U.Z. Rauchgaswandung $= \alpha_1$ vernachlässigt werden, so daß

$$\frac{1}{k} = \frac{1}{\alpha_1} + \frac{1}{\alpha_2}.$$

Die Wärmeübergangszahl α_2, für Wasser an Wand, ist abhängig von der Wassergeschwindigkeit, und diese kann natürlich genau erst bestimmt werden, wenn die Längen der Rohre, und damit der freie Wasserquerschnitt bekannt

---

[1]) Ein solcher Rauchgasvorwärmer ist z. B. in die Z. d. V. D. I. 1913, S. 741, abgebildet und beschrieben.

ist. Für den hier vorliegenden Fall, daß das Wasser die Rohre umspült, sind die theoretischen Grundlagen noch unsicher, doch darf man wohl als sicher annehmen, daß die W.U.Z. hier jedenfalls größer ist als bei freier Strömung um ein horizontales Rohr (Seite 99), auch wenn die Wassergeschwindigkeiten in solchen Vorwärmern ziemlich klein sind.

$$\alpha_2 > B \sqrt[4]{\frac{T_w - T_r}{d}} \quad \dots \dots \dots \dots \dots \dots \dots \quad (35)$$

Um die Temperaturdifferenz zwischen Wandung und Wasser zu bestimmen, sollten nun die W.U.Z. α_1 und α_2 schon bekannt sein; diese müssen also zuerst geschätzt werden und nachher geprüft, ob die Annahme zutrifft.

Nehmen wir für diese Lokomotive ca. 7,7 kg Kohlen pro kg Dampf, so müssen $\frac{8600}{7,7} = 1120$ kg Kohlen verbrannt werden. Die Rauchgasmenge beträgt dann $1120 \times 16 = 17\,800$ kg/st.

Um das Wasser von 10 auf 125^0 C zu erwärmen, sind
$$8600 \times 115 = 1\,000\,000 \text{ kcal/st nötig.}$$

Die Rauchgase kühlen sich dann um
$$\frac{1\,000\,000}{17\,800 \times 0,25} = 225^0 \text{ C ab.}$$

Bei 250^0 C Rauchkammertemperatur müssen dann die Heizgase mit 475^0 C in den Vorwärmer eintreten.

Die mittlere Temperaturdifferenz zwischen Rauchgas und Wasser ist somit:
$$\frac{475 + 250}{2} - \frac{125 + 10}{2} = \text{rd. } 300^0 \text{C.}$$

Nehmen wir nun das Verhältnis $\alpha_1 : \alpha_2 = 1 : 9$ an, dann ist
$$t_\text{wand} - t_\text{wasser} = 0,1 \times 300 = 30^0,$$
$$t_\text{wand} - t_\text{rauchgas} = 0,9 \times 300 = 270^0.$$

Für eine mittlere Wassertemperatur von 60^0 C ist, nach Tabelle 18, $B = 101$, also
$$\alpha_2 > 101 \sqrt[4]{\frac{30}{0,030}} > 560.$$

Für die weitere Rechnung ist $\alpha_2 = 1000$ angenommen.

Zur Berechnung der W.U.Z. α_1 gehen wir wieder zweckmäßig von der Gleichung (27 d) aus
$$\alpha_1 = 18,1 \frac{\lambda^{0,2}}{d} \left(\frac{4\,G\,c}{\pi d}\right)^{0,8}.$$

Die Rauchgasmenge pro Heizrohr ist hier
$$G = \frac{17,800}{268 \times 3,600} = 0,0185 \text{ kg/sec.}$$

$\lambda^{0,2}$ aus Tabelle 11 für $t_m = \frac{1}{2}\left(\frac{450 + 250}{2} + t_\text{wand}\right) = 340^0$ ist 0,5, also
$$\alpha_1 = 18,1 \times \frac{0,5}{0,025} \left(\frac{4 \times 0,0185 \times 0,25}{\pi \times 0,025}\right)^{0,8} = 118.$$

Das oben angenommene Verhältnis $\alpha_1 : \alpha_2 = 1 : 9$ trifft hier also zu.

Nun kann die Heizfläche F des Vorwärmers aus Gleichung (21) berechnet werden.
$$\frac{1}{k} = \frac{1}{118} + \frac{1}{1000}, \text{ also } k = 106.$$

$$Q = 1{,}000{,}000 = \cfrac{475-10}{\cfrac{1}{106\,F} + \cfrac{1}{2 \times 8600} + \cfrac{1}{2 \times 0{,}25 \times 17800}}$$

Woraus $F = 34\,\mathrm{M}^2$ und damit die Rohrlänge

$$l = \frac{34}{268 \times \pi \times 0{,}025} = 1{,}66 \text{ Meter.}$$

III. Anwendung auf überhitzten Wasserdampf.

Die Wärmeleitzahlen für überhitzten Wasserdampf sind nach Nusselt[1]), berechnet aus

$$\lambda = 0{,}00578\,\frac{c_v\,\sqrt{T}}{1+\dfrac{327}{T}} \text{ kcal/st/qm/}^0\mathrm{C},$$

in Abb. 29 für gebräuchliche Dampftemperaturen eingetragen.

Tabelle 13.
Spezifische Wärme des Wasserdampfes.

$p =$ $t_s =$	0,5 at 80,9 °C	1 99,1	2 119,6	4 142,9	6 158,1	8 169,6	10 179,1	12 187,1	14 194,2	16 200,5	18 206,2	20 211,4
$t = t_s$	0,478	0,487	0,501	0,528	0,555	0,584	0,613	0,642	0,671	0,699	0,729	0,760
$t = 110^0$	0,471	0,483	—	—	—	—	—	—	—	—	—	—
120	469	480	—	—	—	—	—	—	—	—	—	—
130	467	477	0,495	—	—	—	—	—	—	—	—	—
140	466	475	491	—	—	—	—	—	—	—	—	—
150	465	473	487	0,522	—	—	—	—	—	—	—	—
160	465	471	484	515	0,552	—	—	—	—	—	—	—
170	465	471	481	509	541	—	—	—	—	—	—	—
180	465	471	479	503	531	0,567	—	—	—	—	—	—
190	466	471	478	498	522	552	0,588	0,633	—	—	—	—
200	467	471	477	494	514	539	569	604	0,648	—	—	—
210	467	471	477	491	508	528	553	581	0,617	0,658	0,709	—
220	468	471	477	488	503	520	540	564	593	626	666	0,713
230	469	472	477	487	498	513	530	551	575	602	633	672
240	470	472	477	486	495	507	522	541	561	583	608	640
250	471	473	477	485	493	504	517	532	549	568	589	615
260	472	473	477	485	492	501	512	526	540	557	574	595
270	473	474	478	485	491	499	509	521	533	548	563	580
280	474	475	479	485	491	498	507	517	529	541	554	568
290	475	476	480	485	491	497	505	515	525	536	547	559
300	476	478	481	486	491	497	504	513	522	532	542	552
310	477	479	482	486	491	497	503	512	520	529	537	547
320	478	480	483	487	492	497	503	511	518	526	534	542
330	480	481	484	488	492	498	503	510	517	524	531	538
340	481	482	485	489	493	498	503	510	516	522	529	535
350	482	483	486	490	494	499	504	509	515	521	527	533
360	484	485	487	491	495	500	504	509	514	520	525	531
370	485	486	488	492	496	501	505	510	514	519	524	529
380	0,486	0,487	0,489	0,493	0,497	0,502	0,506	0,510	0,514	0,518	0,523	0,528

[1]) Z. d. V. D. I. 1917, S. 686.

Tabelle 14.

Mittlere spezifische Wärme des Wasserdampfes für die Überhitzung von t_s auf t^0.
Z. d. V. D. I. 1915, S. 403.

p in at	0,5	1	2	4	6	8	10	12	14	16	18	20
t_s in ^{0}C	80,9	99,1	119,6	142,9	158,6	169,6	179,1	187,1	194,2	200,5	206,0	211,4
$t = t_s^0$	0,478	0,487	0,511	0,528	0,555	0,584	0,613	0,642	0,671	0,699	0,729	0,760
$t = 120^0$	473	483	—	—	—	—	—	—	—	—	—	—
140	471	480	496	—	—	—	—	—	—	—	—	—
160	470	478	491	0,521	—	—	—	—	—	—	—	—
180	470	476	488	515	0,544	0,576	—	—	—	—	—	—
200	469	475	486	509	534	561	0,590	0,623	0,660	—	—	—
220	469	475	485	505	526	548	572	599	629	0,661	0,697	0,738
240	469	474	484	501	519	538	558	580	605	631	660	694
260	469	474	483	499	514	530	548	567	588	610	634	660
280	470	474	482	497	510	525	540	556	575	594	615	637
300	470	474	482	496	508	521	534	548	565	582	600	619
320	471	475	482	495	05	517	530	543	558	572	589	606
340	472	476	482	494	504	515	527	538	552	565	580	596
360	473	477	483	494	504	514	524	535	548	560	574	587
380	0,475	0,478	483	494	503	512	0,522	0,533	0,545	0,556	0,568	0,580
400			484	494	503	511						
450			486	495	503	510						
500			489	497	504	510						
550			0,492	0,499	0,505	0,511						

Über die spezifische Wärme haben die bekannten Münchener Versuche genauen Aufschluß gegeben[1]). Die Werte von c_p und $(c_p)_m$, d. h. die Mittelwerte, wenn der Dampf von der Sättigungstemperatur bis zur Temperatur t erwärmt wird, sind in den Tabellen 13 und 14 zusammengestellt.

Das spezifische Volumen kann nach der Tumlirzschen Formel

$$\frac{1}{\gamma} = v = \frac{47,2}{p\,(\text{in at})} - 0{,}016 \ \text{m}^3/\text{kg}$$

oder annähernd aus $pv = RT$, von der Sättigungskurve ausgehend, gerechnet werden. Noch einfacher ist es natürlich, die spezifischen Volumen direkt aus einer Entropietafel zu entnehmen (z. B. aus Schüle, Thermodynamik, Bd. 1, Tafel IIIa).

Zur leichteren Anwendung der allgemeinen Formel

$$\alpha_n = 39\,\lambda \cdot \frac{1}{a^{0,8}}\, w^{0,8} \ \text{kcal/qm/st/}^0\text{C} \quad \ldots \ldots \quad (27\,\text{n})$$

sind in der Tabelle 15 für verschiedene Drücke und Temperaturen die Werte von $b = 39\,\dfrac{\lambda}{a^{0,8}}$ berechnet und in Abb. 35 eingetragen.

---

[1]) Z. d. V. D. I. 1915, S. 403.

Tabelle 15

zur Berechnung der Werte $b = 39 \dfrac{\lambda}{a^{0,8}}$ für überhitzten Dampf.

$$\alpha_n = b\,w^{0,8}\ \text{kcal/qm/st/}^0\text{C}$$

p_{at}	$t_m\ ^0\text{C}$	c_p	λ_m	v_m	$\dfrac{1}{a}$	$\dfrac{1}{a^{0,8}}$	b
			für die Temp. t_m				
0,5	80,9	0,478	0,0187	3,29	7,75	5,18	3,8
	100	0,473	0,020	3,5	6,75	4,75	3,8
1	99,1	0,487	0,020	1,72	14,1	8,3	6,45
	120	480	21	1,86	12,3	7,5	6,15
	140	475	222	1,96	10,9	6,75	5,86
	160	471	234	2,05	9,8	6,2	5,65
	180	471	245	2,22	8,65	5,65	5,4
	200	471	258	2,32	7,87	5,25	5,3
	250	473	285	2,57	6,45	4,7	5,2
	300	478	314	2,82	5,4	4,1	5,05
	350	483	342	3,05	4,63	3,4	4,55
	400	0,488	0,0370	3,3	4,0	3,0	4,35
2	119,6	0,501	0,0210	0,90	26,5	13,8	11,3
	140	491	222	0,955	23,2	12,5	10,8
	160	484	234	1,0	20,7	11,5	10,5
	180	479	245	1,05	18,6	10,5	10,1
	200	477	258	1,11	16,6	9,5	9,6
	250	477	285	1,23	13,6	8,05	8,95
	300	481	314	1,35	11,4	7,0	8,6
	350	486	342	1,465	9,7	6,15	8,25
	400	0,490	0,0370	1,58	8,55	5,6	8,1
4	142,9	0,528	0,0223	0,47	50,3	23	20
	160	515	234	495	45,5	21	19,2
	180	503	245	52	39,5	19	18,2
	200	498	258	54	35,8	17,5	17,7
	250	485	285	61	28,0	14,5	16,1
	300	486	314	67	22,2	12,1	15,0
	350	490	342	73	19,6	10,7	14,3
	400	0,494	0,0370	0,79	16,9	9,6	13,9
6	158,1	0,555	0,0233	0,322	74	31,4	28,6
	180	541	245	34	65	28	27
	200	514	258	36	55,3	25	25,2
	250	493	285	405	42,8	20,2	22,4
	300	491	314	445	35,2	17,5	21,5
	350	494	342	485	29,9	15	20
	400	0,499	0,0370	0,525	25,7	13,5	19,5
8	169,6	0,584	0,0233	0,245	99,5	39,7	36
	180	567	245	255	90,5	36,6	35
	200	539	258	265	78,8	33	33,3
	250	504	285	30	59	26	28,8
	300	497	314	33	48	22	27
	350	499	342	365	40	19	25,5
	400	0,504	0,0370	0,385	35,4	17,2	24,8

Tabelle 15 (Fortsetzung)

zur Berechnung der Werte $b = 39\,\dfrac{\lambda}{a^{0,8}}$ für überhitzten Dampf.

$$\alpha_n = b\,w^{0,8}\ \text{kcal/qm/st/}^{0}\text{C}$$

p_{at}	$t_m\ ^0$C	c_p	λ_m	v_m	$\dfrac{1}{a}$	$\dfrac{1}{a^{0,8}}$	b
			für die Temp. t_m				
10	179,1	0,613	0,0245	0,198	126	48	46
	200	569	258	21	105	41,5	42
	250	517	285	24	75,5	32	35,5
	300	504	314	265	60,5	26,8	33
	350	504	342	285	51,7	23,5	31,5
	400	0,507	0,0370	0,315	42,5	20,5	30
12	187,1	0,642	0,0252	0,167	152	56	54
	200	604	258	175	136	51	51,5
	250	532	285	200	93,2	37,5	41,5
	300	513	314	218	75	31,7	39
	350	509	342	24	62	27	36
	400	0,510	0,0370	0,265	52	23,7	34,4
14	194,2	0,671	0,0255	0,144	182	64	64,5
	250	549	285	171	113	44	49
	300	522	314	188	88,5	36,5	44,5
	350	515	342	205	73,5	31	41,5
	400	0,514	0,0370	0,223	62	27,2	39,4
16	200,5	0,699	0,0258	0,127	213	73	74
	250	568	285	145	137	51,5	56,5
	300	532	314	162	104,5	41	50
	350	521	342	18	84,5	35	47
	400	0,518	0,0370	0,195	71,8	30,5	44
18	206,2	0,729	0,0260	0,114	245	81,5	82,5
	250	5×9	285	130	158	57,5	63,5
	300	542	314	142	121	46,5	57
	350	527	342	155	99,5	39,5	52,7
	400	0,523	0,0370	0,175	80,7	33,5	48,5
20	211,5	0,760	0,0262	0,1035	262	86	87
	250	615	285	115	188	66	72,5
	300	552	314	13	135	51	62,6
	350	533	342	14	111,5	43,5	58
	400	0,527	0,0370	0,155	92	37,2	54

Wenn nun mit Hilfe der Abb. 35 die W.U.Z. für überhitzten Wasserdampf leicht zu rechnen sind, so stößt die Berechnung der Überhitzer auf seiten der Rauchgase auf die gleichen Schwierigkeiten wie bei Dampfkessel und Rauchgasvorwärmer (vgl. S. 78), da die Vorausberechnung der strahlenden Wärme sehr unsicher ist.

Wenn nicht zu kleine Dampfgeschwindigkeiten verwendet werden ($w > 15$ m/sec), so wird bei den bei Dampfkesseln üblichen Drücken weder eine starke Vergrößerung der Dampfgeschwindigkeit, noch eine Verdoppelung der Rauchgasgeschwindigkeit einen nennenswerten

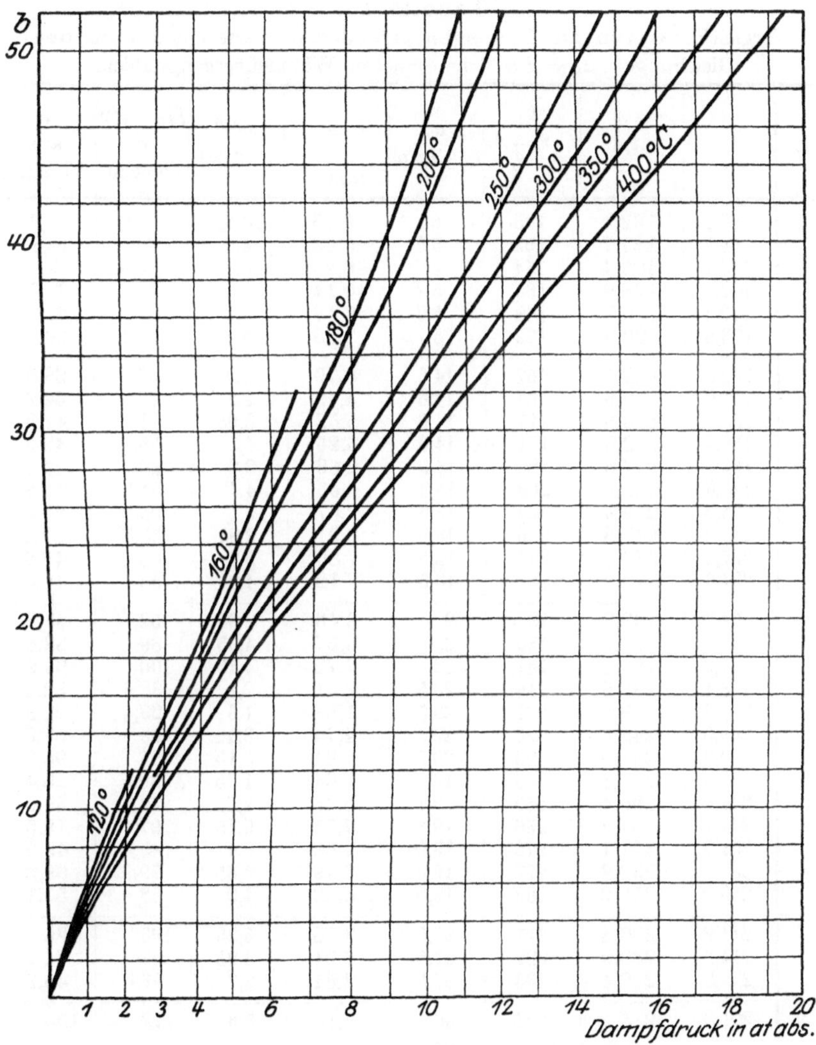

Abb. 35. Werte von b zur Berechnung von $\alpha_n = b\,w^{0,8}$ kcal/m²/st/°C für überhitzten Wasserdampf.

Einfluß auf die Wärmedurchgangszahl ausüben. Die strahlende Wärme spielt hier eine Hauptrolle, und das erklärt auch die ganz verschiedenen Werte, welche bisher für k bei Überhitzern gefunden wurden (vgl. die Versuche von Dr. Berner)[1]. Infolge der kleinen Wärmeleitzahlen für Flugasche und Ruß (Tabelle 2) ist auch das Reinhalten der Oberfläche sehr wichtig, da schon für 1 mm Flug-

---

[1] Berner, Z.d.V.D.I. 1905, S. 461.

Tabelle 16.

Vergleich der von Dr. Poensgen gefundenen Werte mit den aus den Gleichungen $\alpha_n = b\,w^{0,8}$ berechneten Wärmeübergangszahlen.

p_{at}	t_w	t_f	$t_m = \dfrac{t_w + t_f}{2}$	α_n aus Tafel	w m/sec	$w^{0,8}$ n. Tafel	$f_d = 0,89$ α berechn.	α aus Versuch
1	127,2	162,5	145	6	6,76	4,65	24,8	17,6
	138,7	187,7	163	5,7	5,62	4,0	20,2	15,8
	144,7	183,4	164	5,7	8,25	5,4	26,3	19,3
	146,1	178,9	163	5,7	10,14	6,3	32	27,3
	150,4	186,7	168	5,7	9,18	5,9	29	21,3
	153,6	190,8	172	5,7	7,85	5,2	26,4	20,1
3	152,3	182,5	167	14,6	3,79	2,9	37,7	29,8
	152,9	179,6	166	14,6	4,42	3,25	42	32,2
	158,7	183,6	171	14,6	5,52	3,95	51	42,8
	159,4	182,0	171	14,6	6,25	4,35	56,5	48,9
	163,3	197,6	180	14,2	2,66	2,2	28	23,1
	193,6	222,2	208	13,8	6,35	4,4	54,5	47,8
	205,0	249,9	228	13,6	2,57	2,1	25,5	20,3
	205,2	247,8	226	13,6	3,91	2,95	35,5	29,3
	227,5	270,0	247	13,5	7,80	5,2	62	48,6
	234,6	279,9	257	13,5	7,12	4,8	58	41,5
5	174,3	199,3	187	22	3,43	2,65	52	45,8
	175,5	193,2	184	22	6,57	4,55	89	88,4
	177,9	194,2	187	22	7,72	5,15	100	96,2
	198,1	237,9	218	20,5	2,51	2,1	38,4	32,1
	203,8	249,9	227	20,5	1,88	1,6	29,4	22,8
	209,6	241,6	226	20,5	4,74	3,45	63	59,8
	209,9	231,9	220	20,5	7,81	5,15	95	95,3
	231,3	288,8	260	19,2	2,04	1,75	30,5	26,4
	244,6	296,4	269	19,1	3,45	2,65	46,5	39,0
	247,7	284,7	266	19,1	7,71	5,15	97	79,5
	251,7	301,7	276	19,0	4,66	3,4	45,5	49,9
	252,0	292,8	272	19,0	6,79	4,65	79	69,2
	260,7	305,2	282	19,0	5,69	4,0	58	55,1
7	211,2	230,4	211	27,5	8,10	5,35	195	126
	214,2	239,0	227	27,5	6,01	4,25	107	74,7
	215,5	252,4	233	27,5	2,81	2,3	56,5	45,2
9	201,8	215,9	208	36	8,13	5,35	172	150

aschenbelag der Wert $\dfrac{\delta}{\lambda} = \dfrac{0,001}{0,06} = \dfrac{1}{60}$ gegenüber den W. U. Z. für Rauchgase nicht zu vernachlässigen ist.

Bei der Strömung von überhitztem Dampf in Röhren muß wegen den verhältnismäßig kleinen Werten der W.U.Z. ein deutlich meßbarer Unterschied zwischen Dampf- und Rohrwandtemperatur vorhanden sein. Aus dieser Temperaturdifferenz können dann die W.U.Z.,

$$\alpha = \frac{Q}{t_w - t_d}$$

gerechnet werden. Diese Methode hat Dr. Poensgen[1])

---

[1]) Poensgen, Z. d. V. D. I. 1916, S. 27, Mitteilungen über Forschungsarbeiten, H. 191/192.

angewandt und seine Versuche können also zur Kontrolle der allgemeinen Gleichung dienen.

Wenn dieser Vergleich gemacht wird (Tabelle 16), kommen zum Teil bedeutende Abweichungen (bis zu $30^0/_0$) von dem nach der allgemeinen Formel berechneten Werte vor. Dr. Poensgen weist aber bei seinen Versuchen große Temperaturunterschiede im Rohrquerschnitt nach, und deshalb ist der Unterschied zwischen der gemessenen Dampftemperatur $t_q = \dfrac{1}{F}\displaystyle\int t\,dF$ und der mittleren Temperatur $t_f = \dfrac{1}{\mathrm{Vol.}}\displaystyle\int t\,w\,dF$ hier nicht zu vernachlässigen (vgl. S. 52) und wodurch die Abweichungen zu erklären sind. Dr. Poensgen hat aus seinen Versuchen eine empirische Formel abgeleitet, die aber schon innerhalb des Versuchsgebietes bedeutende Abweichungen mit den gemessenen Werten aufweist. Die allgemeine Gleichung von Dr. Nusselt, die sich doch auf breitere mathematisch-wissenschaftliche Grundlage stützt, ist deshalb unbedingt vorzuziehen.

IV. Anwendung auf Ammoniakgase.

Die spezifischen Wärmen c_p sind für verschiedene Drücke und Temperaturen nach Dr. Hybl[1] in Abb. 36 eingetragen.

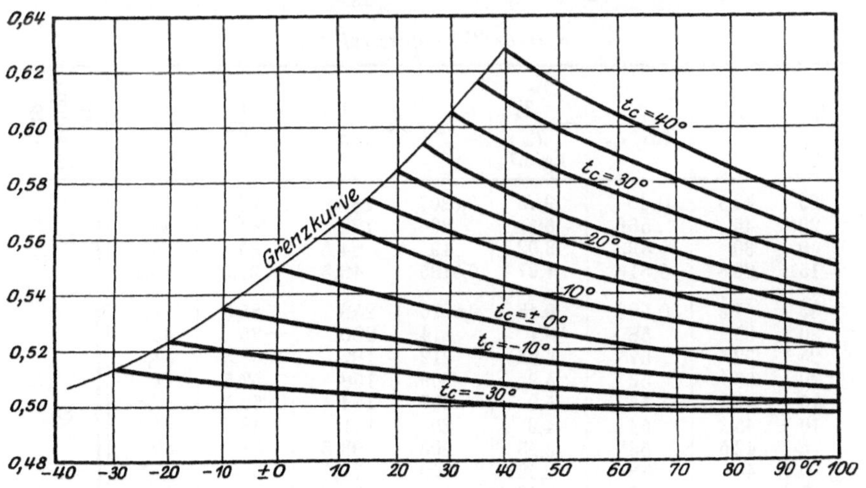

Abb. 36. Spezifische Wärme der Ammoniakdämpfe.

Die spezifischen Volumen v können mit der Formel für Gase aus $\dfrac{1}{\gamma} = v = v_s\dfrac{T}{T_s}$ gerechnet werden, worin $v_s =$ spezifisches Volumen an der Sättigungskurve aus den Dampftabellen zu entnehmen ist.

---

[1] Hybl, Kälteindustrie 1912, S. 127.

Die Werte der Stoffkonstanten sind bei einer mittleren Temperatur t_m einzusetzen, welche annähernd $t_m = \dfrac{t_w + t_f}{2}$ gesetzt werden kann und worin $t_f =$ die mittlere Gastemperatur und $t_w =$ die mittlere Wandtemperatur ist.

Die Wandtemperatur ist von der Kühlwassertemperatur abhängig. Um von den verschiedenen Werten der W.U.Z. hauptsächlich die in der Praxis bei den Kondensatoren für Kältemaschinen vorkommenden zu berechnen, sei die Wassertemperatur etwa 10° C kleiner als die Verflüssigungstemperatur gewählt. Die Wandtemperaturen liegen nun zwischen Wasser- und Gastemperaturen und können, sobald die W.U.Z. für einen bestimmten Fall bekannt sind, auch leicht gerechnet werden. Bei Tauchkondensatoren, wo das Kühlwasser nur mit ganz geringer Geschwindigkeit der Kühlfläche entlang fließt, kann für die Wandtemperatur etwa das arithmetische Mittel aus Wasser und Gastemperatur genommen werden. Bei Doppelrohrkondensatoren, wo größere Wassergeschwindigkeiten auftreten, nähern sich die Wandtemperaturen mehr den Kühlwassertemperaturen.

Tabelle 17

zur Berechnung der Werte $b = 39\,\dfrac{\lambda}{a^{0,8}}$ für Ammoniakgase.

$$\alpha_n = b\,w^{0,8}\ \mathrm{kcal/qm/st/}^{\circ}\mathrm{C}.$$

t_c $^{\circ}$C	t_m $^{\circ}$C	c_p für t_m	γ_m $= \dfrac{T_s}{T_m\,v_s}$ kg/m³	λ_m	$\dfrac{1}{a}$	$\dfrac{1}{a^{0,8}}$	b	Überhitzungstemp.
35	47,5	0,60	9,75	0,0207	282	93	74	⎫
20	40	566	6,1	20	172	61,5	48	⎪ 60°
$\pm$ 0	30	533	3,02	19	84,5	35	26	⎪
− 15	20,5	0,516	1,67	0,0185	46,5	21,5	15,5	⎭
35	57,5	0,592	9,45	0,0216	258	85,5	71,5	⎫
30	55	58	8,1	214	220	75	63	⎪
25	52,5	57	6,95	212	187	65,5	54,5	⎪
20	50	56	5,9	209	158	57,5	47	⎪
15	47,5	55	5,0	207	134	50,5	40,8	⎪ 80°
10	45	54	4,2	205	111	43	34,5	⎬
5	42,5	535	3,55	203	93,5	38	30	⎪
$\pm$ 0	40	53	2,92	200	77,5	32,5	25,5	⎪
− 10	35	52	1,98	196	52,5	23,5	18	⎪
− 15	32,5	0,515	1,61	0,0194	42,5	20	15,1	⎭
35	67,5	0,585	9,2	0,0225	238	79,5	69,5	⎫
20	60	554	5,73	218	145	54	46	⎬ 100°
$\pm$ 0	50	526	2,83	209	71,5	30,5	25	⎪
− 15	42,5	0,512	1,56	0,0203	39,4	19	15	⎭
35	77	0,575	8,9	0,0234	218	74	68	⎫
20	70	548	5,55	227	134	50	45	⎬ 120°
$\pm$ 0	60	522	2,75	218	66	28,5	24,2	⎪
− 15	52	0,510	1.51	0,0212	36,3	18	14,9	⎭

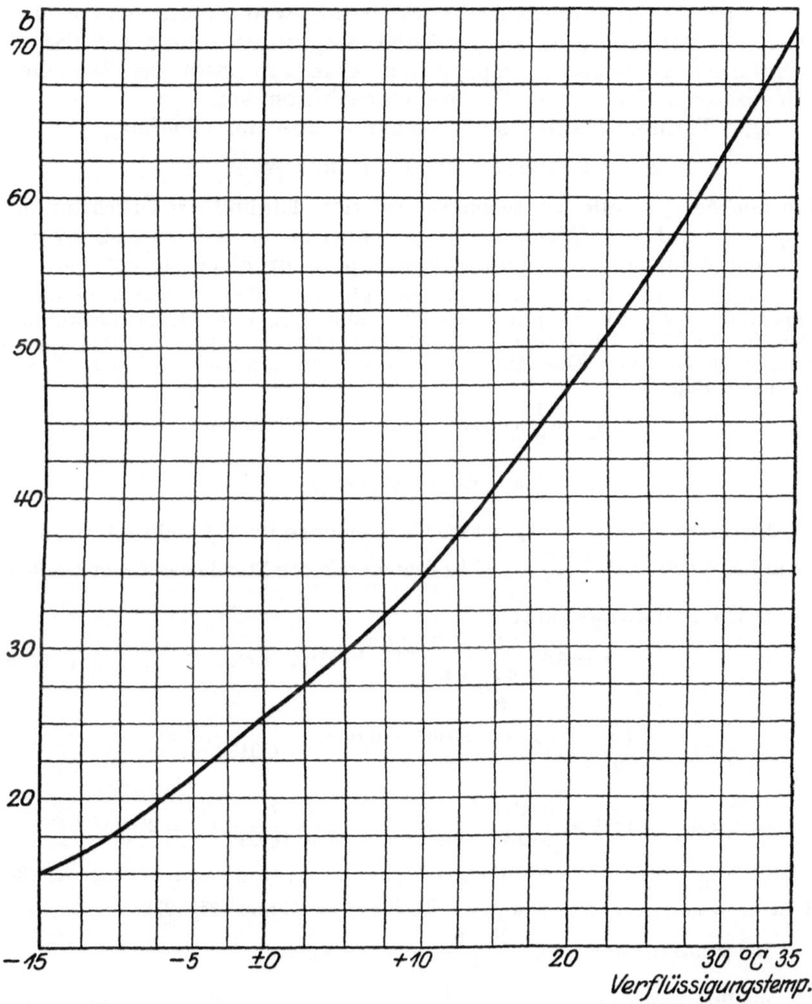

Abb. 37. Werte von b zur Berechnung von $\alpha_n = b\,w^{0,8}$ kcal/m²/st/⁰ C für Ammoniakgase.

Allgemein gültige Angaben über die Wandtemperaturen, und damit über die mittleren Temperaturen, für welche die Stoffkonstanten einzusetzen sind, lassen sich also nicht machen.

In der Tabelle 17 sind die Werte von b aus der Gleichung $\alpha_n = b\,w^{0,8}$ für verschiedene Überhitzungs- und Verflüssigungstemperaturen gerechnet, wobei die mittleren Temperaturen geschätzt sind. Für stark abweichende Verhältnisse müssen die W.U.Z. von Fall zu Fall aus der allgemeinen Gleichung, unter Berücksichtigung der tatsächlich vorhandenen mittleren Temperatur, berechnet werden.

An Stelle veränderlicher Drücke sind, weil praktisch gebräuchlicher, die Verflüssigungstemperaturen eingeführt. Die in der Tabelle angeführten niedrigen Temperaturen kommen etwa bei Zwischenkondensatoren für zweistufige Kältemaschinen vor.

Die Wärmeleitzahlen sind berechnet aus der Gleichung

$$\lambda_t = 0{,}0165\,(1 + 0{,}0054\,t)\ \ \mathrm{kcal/m/st/^0C}.$$

Wie aus der Tabelle zu sehen ist, ist der Einfluß der Überhitzungstemperatur auf die Werte von b nur gering, so daß in Abb. 37 nur eine Kurve für 80^0 C Überhitzungstemperatur eingezeichnet ist.

Beispiel 17. Unter Annahme der gleichen Wasser- und Ammoniaktemperaturen, wie in Beispiel 9, sei die Kühlfläche eines Doppelrohrkondensators für 20 000 kcal berechnet, welcher aus Rohren von 25/30 und 38/46 mm ϕ zusammengestellt ist. Das Ammoniak ströme im Ringspalt und das Wasser im inneren Rohr.

$$F_{\mathrm{NH_3}} = \frac{1}{4}\,\pi\,(0{,}038^2 - 0{,}03^2) = 0{,}00043\ \mathrm{m^2},$$

$$F_{\mathrm{H_2O}} = \frac{1}{4}\,\pi\cdot 0{,}025^2 = 0{,}00049\ \mathrm{m^2}.$$

Die im Kondensator abgegebene Wärmemenge ist 322 kcal/kg Ammoniak, so daß für 20 000 kcal $\dfrac{20\,000}{322} = 62$ kg Ammoniak pro Stunde verflüssigt werden.

1. Überhitzungsgebiet:

$$\alpha = 18{,}1\,\frac{\lambda}{\dfrac{4\,F}{u}}\left(\frac{4\,G\,c_p}{u\cdot\lambda}\right)^{0{,}8}\ \mathrm{kcal/m^2/st/^0C}, \ \ \ldots\ \ldots\ \ (27\,\mathrm{c})$$

$$\frac{4\,F}{u} = \frac{4\times\tfrac{1}{4}\,\pi\,(0{,}038^2 - 0{,}03^2)}{\pi\times 0{,}03} = 0{,}0183\ \mathrm{m},$$

also

$$\alpha_{\mathrm{NH_3}} = 18{,}1 \times \frac{0{,}0212}{0{,}0183}\left(\frac{4\times 62\times 0{,}57}{3600\,\pi\times 0{,}03\times 0{,}0212}\right)^{0{,}8} = 210,$$

$$\alpha_{\mathrm{H_2O}} = 2500\,(1 + 0{,}014\,t_m)\,w^{0{,}8}\,f_d, \ \ \ldots\ \ldots\ \ldots\ \ldots\ \ (34)$$

worin $t_m \sim t_{\mathrm{Wasser}} = 22^0$, und $f_d = 1{,}04$ für $d = 25$ mm (Fig. 27).

$$\text{Die Wassermenge} = \frac{20\,000}{3600\,(22 - 15)} = 0{,}8\ \mathrm{kg/sec},$$

also die Wassergeschwindigkeit $= \dfrac{1{,}8}{0{,}049} = 16{,}2$ dm $= 1{,}62$ m/sec und damit

$$\alpha_{\mathrm{H_2O}} = 4400,$$

so daß

$$k_1\left(\text{aus}\ \frac{1}{k} = \frac{1}{\alpha_{\mathrm{NH_3}}} + \frac{1}{\alpha_{\mathrm{H_2O}}}\right) = 200.$$

Bei dieser Rechnung ist also von der an die Luft ausgestrahlten Wärme abgesehen.

2. Kondensationsgebiet:

$$t_{\mathrm{Wand}} \sim t_{\mathrm{Dampf}} = 25^0\,\mathrm{C},$$

$\alpha_1 = 8000$ (gesättigte Ammoniakdämpfe, strömend, sehr niedrig geschätzt),

α_2 für $t_m = 25^0$ C nach Gl. 34 $= 4500$,

$k_2 = \mathbf{3000.}$

3. Unterkühlung:
$$t_m \sim 15^0\,C,$$
$$\gamma_{NH_3},\ \text{flüssig} \sim 0,6\ kg/dm^3,$$

also

$$w_{NH_3} = \frac{62}{3600 \times 0,6 \times 0,049} = 0,585\ dm = 0,0585\ m/sec.$$

Nach S. 100 ist $\alpha_{NH_3} = 0,52\ \alpha_{H_2O}$, unter sonst gleichen Verhältnissen,

$$\alpha_{NH_3} = 0,52 \times 2500\,(1 + 0,014 \times 15) \times 0,0585^{0,8} \times f_d = 159,$$

$$\alpha_{Wasserseite} = 2500\,(1 + 0,014 \times 15) \times 1,62^{0,8} \times f_d,$$

$$d = \frac{4\,F}{u} = 0,0183, \quad \text{also} \quad f_d = 1,04,$$

$$\alpha_{Wasserseite} = 4450$$

und damit

$$k_3 = 153.$$

Nach der Gleichung auf S. 31 wird die gesamte Kondensatorfläche

$$F = 20000\left(\frac{0,0965}{200 \times 19,1} + \frac{0,866}{3000 \times 6,2} + \frac{0,0375}{153 \times 4,9}\right)$$
$$= 20\,(0,0253 + 0,0465 + 0,050) = 2,44\ m^2.$$

Bemerkenswert ist der große Einfluß der Unterkühlung auf die totale Kondensatorfläche. Die Rechnung gibt also einen mittleren Wärmedurchgang von $\frac{20000}{2,44} = 8200\ kcal/qm$, also ein Vielfaches von den bisher gebräuchlichen Zahlen.

Viele Firmen, welche sich mit dem Bau von Kühlanlagen befassen, haben bei dem Übergang von Tauch- auf Doppelrohrkondensatoren übersehen, wie wirksam hier die Wärmeübertragung gesteigert werden kann.

V. Anwendung auf Kohlensäure und schweflige Säure.

Die Wärmeleitzahl ist nach Nusselt

$$\lambda = 0,0121\,(1 + 0,00385\ t).$$

Die Abhängigkeit der spezifischen Wärme von der Temperatur ist bis zu den höchsten Temperaturen untersucht[1]); über die Abhängigkeit vom Druck, namentlich in der Nähe der Grenzkurve sind mir keine neueren Versuche bekannt. Aus Wiedemann, Handbuch der Physik, Bd. 3, S. 230/231 entnehme ich folgende Werte von c_p:

$p =$		$c_p =$
24,25 at		0,2537
28,0		0,2567
32,5		0,2597
38,7		0,2632
45,0		0,2685
54,1		0,2746
61,70		0,3297
68,2		0,3871
75,8		0,4748
82,3		0,5724
86,90		0,6424

---

[1]) Schüle, Z.d.V.D.I. 1916, S. 630.

Die spezifischen Volumen sind aus den Tabellen der „Hütte" entnommen und wegen der noch bestehenden Unsicherheit in den Werten von c_p ist die Rechnung auf eine mittlere Temperatur von 55° C beschränkt.

Tabelle 18

zur Berechnung der Werte $b = 39\,\dfrac{\lambda}{a^{0,8}}$ für Kohlensäuregase.

$$\alpha_n = b\,w^{0,8}\ \text{kcal/qm/st/}°\text{C.}$$

p in at abs.	c_p	$\lambda\,55°$	γ	$\dfrac{1}{a}$	$\dfrac{1}{a^{0,8}}$	b
1	0,206	0,0151	1,73	23,6	12,5	7,4
10	0,218	—	17,3	250	83	49
20	0,230	—	34,6	527	156	92
30	0,240	—	53,2	850	220	130
40	0,253	—	75	1250	300	177
50	0,268	—	98	1740	395	234
60	0,286	—	127	2400	500	295
70	0,370	—	157	3840	740	435

Nehmen wir z. B. eine Verflüssigungstemperatur von 25° C, also $p = $ rd. 65 at, dann ist aus dieser Tabelle für $\alpha_n = 350\,w^{0,8}$. Für Ammoniakgase fanden wir unter ähnlichen Verhältnissen $\alpha = 54\,w^{0,8}$; die Kohlensäuregase geben also unter sonst gleichen Verhältnissen die Wärme bedeutend leichter ab als die Ammoniakgase, was durch Beobachtungen in der Praxis an Kondensatoren für Kältemaschinen auch bestätigt wird.

Wenn auch weder über die Wärmeleitzahl, noch über die Abhängigkeit der spezifischen Wärme von Temperatur und Druck für schweflige Säure (SO_2) zuverlässige Angaben vorliegen, so gibt folgende Überlegung doch einige Anhaltspunkte über die Größe der W.U.Z. in diesem Fall.

Die Wärmeleitzahlen der verschiedenen Gase und Dämpfe weichen im allgemeinen, mit Ausnahme von Wasserstoff, nicht stark voneinander ab. Auch kommt in der allgemeinen Gleichung

$$\alpha_n = 39\,\frac{\lambda}{a^{0,8}}\,w^{0,8}, \quad \text{und mit}\quad a = \frac{\lambda}{c\,\gamma}$$

$$\alpha_n = 39\,\lambda^{0,2}\,(c\,\gamma)^{0,8}\,w^{0,8}$$

der Einfluß der Wärmeleitzahl nur als $\lambda^{0,2}$ vor, so daß für Überschlagsrechnungen für die Wärmeübertragung Gleichheit der Wärmeleitzahlen für NH_3 und SO_2 vorausgesetzt werden darf.

Die spezifische Wärme gibt Dr. Hybl[1]) zu 0,15 an. Wenn auch die Annahme einer unveränderlichen spezifischen Wärme sicher nicht genau zutreffen kann, sondern eine ähnliche Veränderlichkeit

---

[1]) Dr. Hybl, Wärmediagramme für schweflige Säure, Z. f. d. g. Kälteindustrie, 1913.

vorhanden sein wird, wie bei Wasserdampf und Ammoniak, so gibt das Verhältnis $\left\{ \dfrac{(c\gamma)_{SO_2}}{(c\gamma)_{NH_3}} \right\}^{0,8}$ doch einen Vergleichswert für die für schweflige Säure im Überhitzungsgebiet zu erwartenden Wärmeübergangszahlen.

Für 25^0 C Verflüssigungstemperatur z. B. ist

$$\left\{ \frac{(c\gamma)_{SO_2}}{(c\gamma)_{NH_3}} \right\}^{0,8} = \left(\frac{0,15 \times 11,1}{0,57 \times 7,58} \right)^{0,8} = 0,386^{0,8} = 0,485.$$

Die W.U.Z. für SO_2 sind also in diesem Falle nur $48,5\,^0/_0$ von den für NH_3 unter sonst gleichen Verhältnissen berechneten Werten.

VI. Anwendung auf Wasser.

Auf Grund der Überlegungen auf Seite 44 führe ich die Näherungsgleichung von Dr. Soennecken auf die allgemeine Gleichung von Dr. Nusselt zurück, und zwar für den Normalfall:

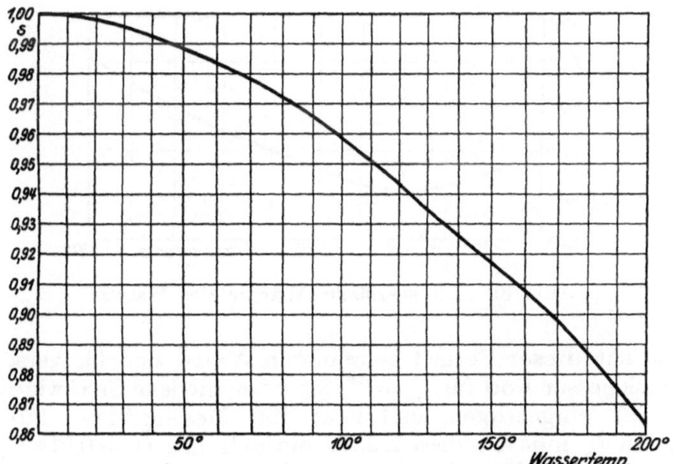

Abb. 38. Das spezifische Gewicht des Wassers.

$$\alpha_n = b\,(1 + 0,014\,t_w)\,w^{0,8}\ \text{kcal/qm/st/}^0\text{C}, \quad \ldots \ldots \quad (34)$$

also für $L > L_0$, und $d = 0,022\,m$, und worin

$b = 2920$ für Rauheitsgrad I (gezogenes Messingrohr),

$ = 2500$ für Rauheitsgrad II (gezogenes Eisenrohr).

Dabei ist noch zu beachten, daß b für Rauheitsgrad II keine absolute Konstante ist, sondern sich mit zunehmendem Durchmesser in noch nicht näher zu präzisierender Weise den Wert b für Rauhheitsgrad I nähern muß. Für Gasrohre und gußeiserne Rohre gelten noch kleinere Werte.

Tabelle 19.

Stoffwerte für Wasser.

t ^{0}C	γ kg/m³	c kcal/kg	λ kcal/m/st/^{0}C	$\dfrac{1}{a} = \dfrac{c\gamma}{\lambda}$ st/m²	$\dfrac{1}{a^{0,8}}$	$\dfrac{\lambda}{a^{0,8}}$
0	999,9	1,0091	0,477	2100	450	215
4	1000	1,005	0,480	2100	450	216
10	999,7	1,002	0,484	2070	445	216
15	999,1	1,000	0,494	2030	440	217
20	998,2	0,9987	0,505	1975	430	217
30	995,7	0,9973	0,517	1925	420	217
40	992,2	0,9971	0,529	1870	410	217
50	988,1	0,9977	0,547	1810	400	218
60	983	0,9988	0,558	1760	390	218
80	972	1,0014	0,585	1670	375	218
100	958	1,0043	0,618	1560	350	216

NB. Für die Zähigkeit von Wasser vgl. Fig. 21.

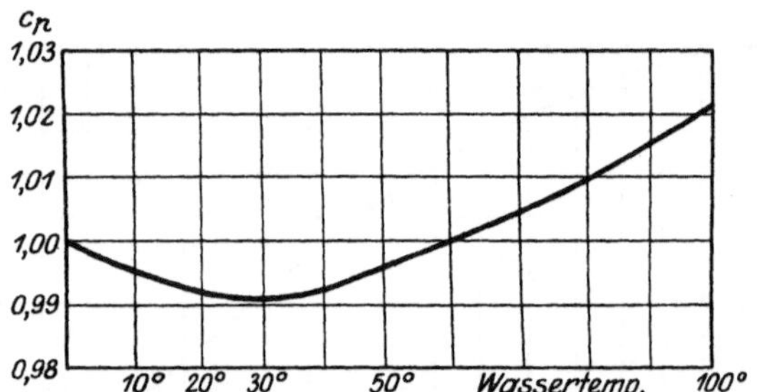

Abb. 39   Die spezifische Wärme des Wassers.

Die mit dieser Formel berechneten Werte sind für verschiedene Rohrdurchmesser und für $t_w = 0^0$ für verschiedene Geschwindigkeiten in Fig. 40 eingetragen, und zwar für Messingrohre. Für andere Werte von t_w müssen diese Zahlen einfach mit $(1 + 0{,}014\, t_w)$ multipliziert werden. Die Versuche von Dr. Soennecken haben einen prinzipiellen Nachteil, welcher es ratsam erscheinen läßt, eine Verallgemeinerung seiner Näherungsgleichung nur mit Vorsicht vorzunehmen. Bei seinen Versuchen ist nämlich nur ein verhältnismäßig kleiner Unterschied zwischen Wand- und Wassertemperatur vorhanden (5 bis 25°). Es kommen aber in der Praxis viele Fälle vor, wo diese Differenz viel größere Werte annehmen kann, so z. B. bei Dampfkondensatoren. Inwieweit für solche außerhalb dem Versuchsbereich liegenden Verhältnisse diese Näherungsgleichung eine Änderung erfahren muß, läßt sich nicht mit Sicherheit sagen. Vielleicht ist es auch richtiger, an Stelle von t_w eine mittlere Temperatur $t_m = \dfrac{t_w + t_f}{2}$ einzusetzen.

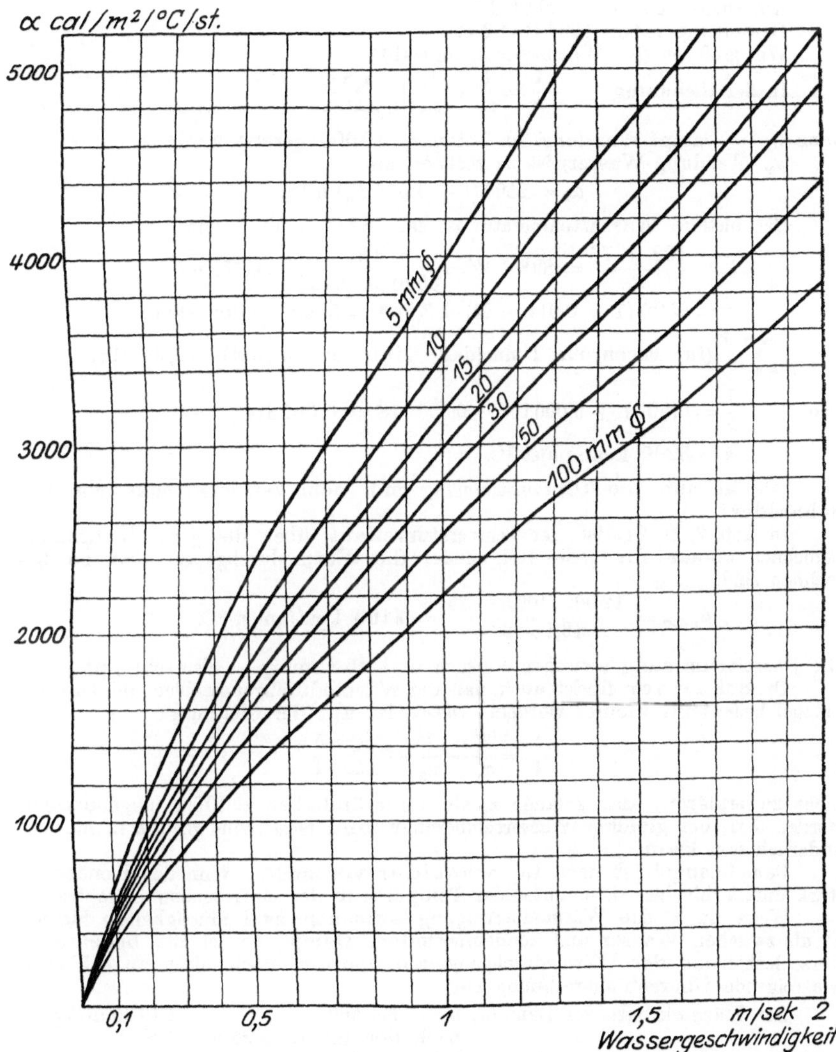

Abb. 40. W.U.Z. für nicht siedendes Wasser, gültig für nahtlos gezogenes Messingrohr, und $t_m = 0°\,C$. NB. Für gezogenes Schmiedeeisenrohr gelten 85 °/₀ dieser Werte.

Beispiel 18. Ein Speisewasservorwärmer[1]) besteht aus 7 Rohrgruppen von je ca. 24 verzinkten eisernen Röhren 15/17 mm φ und 2 m Länge. Totale Heizfläche $= 16,11$ m².

Mittlerer Querschnitt für den Wasserdurchgang $= 0,431$ m².

Wassermenge $= 12$ cbm/st.

Eintrittstemperatur 15 °C.

[1]) Dr. Schneider, Z. d. V. D. I. 1918, S. 311.

Austrittstemperatur 100,5 ⁰ C.
Dampftemperatur 102⁰ C (1,2 at).
Wie groß ist die Wärmedurchgangszahl?

In der Gleichung
$$\frac{1}{k} = \frac{1}{\alpha_1} + \frac{1}{\alpha_2} + \sum \frac{\delta}{\lambda}$$

kann α_1 (= Dampf-Wandung) im Mittel = 10000 gesetzt werden,
α_2 (Wandung-Wasser) ist zu rechnen aus
$$\alpha_n = 2500 \, (1 + 0{,}014 \, t_m) \, w^{0{,}8}.$$

Die mittlere Wassertemperatur ist ca. 76⁰ C (Abb. 1), also
$$t_m = \frac{102 + 76}{2} = 89^0; \quad W = \frac{12}{3600 \times 0{,}431} = 0{,}775 \text{ m/sec},$$

$$\alpha = 2500 \, (1 + 0{,}014 \times 89) \cdot 0{,}775^{0{,}8} = 5200 \text{ kcal/qm/st/}^0\text{C}.$$

$$\sum \frac{\delta}{\lambda} \text{ (für Eisenrohr, 1 mm dick, nicht inkrustiert)} = 0{,}000018,$$

also
$$\frac{1}{k} = 0{,}0001 + 0{,}000196 + 0{,}000018 = 0{,}000314$$

$$k = 3200 \text{ kcal/qm/st/}^0\text{C}.$$

Wie ist nun die Übereinstimmung mit dem Versuchsresultat von Dr. Schneider?

In Abb. 7, S. 21, ist der Temperaturverlauf über die ganze Kühlfläche berechnet, woraus für jedes Rohrbündel die Wärmedurchgangszahlen zu berechnen sind,
$$k_{1-7} = \frac{12000 \, (100{,}5 - 15)}{16{,}1 \times 20{,}4} = \mathbf{3100} \text{ kcal/qm/st/}^0\text{C}.$$

Die Übereinstimmung zwischen Versuch und Rechnung ist also sehr gut.

Dr. Schneider findet auch, daß die Wärmedurchgangszahlen bei Dampfmangel bedeutend kleiner werden. Dieses ist aus der Gleichung
$$\frac{1}{k} = \frac{1}{\alpha_1} + \frac{1}{\alpha_2} + \sum \frac{\delta}{\lambda}$$

nicht zu erklären, da, solange α_1 als unveränderlich = 10000 angenommen werden darf, bei gleicher Wassertemperatur und Geschwindigkeit k nicht veränderlich sein kann.

Dampfmangel ist nach Dr. Schneider vorhanden, wenn das Kondensat stark unterkühlt ist, d. h. unter der Temperatur des eintretenden Dampfes

Wenn auch die Wärmeübertragung zwischen zwei Flüssigkeiten kleiner ist als zwischen Wasser und kondensierendem Dampf, so ist die bedeutende Verschlechterung der Wärmedurchgangszahl dadurch doch nicht zu erklären, wie folgende Überschlagsrechnung zeigt.

Der Wärmeinhalt des Dampfes beim Eintritt   = 640 kcal/kg,
   „   „   „   „   nach der Kondensation = 104   „
   „   „   „   „   beim Austritt   = 80   „

Es sind also pro kg Dampf
       beim Kondensieren 536 kcal oder 95,7 %,
       „   Unterkühlen   24   „   „   4,3 %

der Wärme durch das Kühlwasser aufgenommen. Da das Kondensat frei herunterfällt, also eine bestimmte Geschwindigkeit hat, kann k hier etwa 1000 bis 1200 kcal/qm/st/⁰C angenommen werden.

Die totale Kühlfläche
$$F = \frac{Q}{100} \left(\frac{95{,}7}{k_1 \, \tau_1} + \frac{4{,}3}{k_2 \, \tau_2} \right), \quad \text{wenn } \tau_1 = \tau_2 = \tau \text{ gesetzt, wird}$$

$$F = \frac{Q}{100 \, \tau} \left(\frac{95{,}7}{3100} + \frac{4{,}3}{1100} \right) = \frac{Q}{100 \, \tau} \, (0{,}32 + 0{,}04).$$

Die Heizfläche würde dadurch im Mittel also um etwa 12,5 $^0/_0$ vergrößert, oder bei gleicher Heizfläche die Werte von k um 12,5 $^0/_0$ kleiner werden.

Die Dampftemperatur im Vorwärmer selbst ist nicht gemessen worden; es ist aber bei der starken Unterkühlung des Kondensates wahrscheinlich, daß der Vorwärmer als Kondensator wirkt und ein Unterdruck darin vorhanden ist, so daß Luft eintreten kann.

In diesem Fall ist $p_c = p_d + p_l$ (Abb. 41), d. h. die Temperatur im Kondensator muß kleiner sein, als der Gesamtdruck im Kondensator entspricht.

Dadurch werden die aus der Beobachtung gerechneten Wärmedurchgangszahlen größer, und außerdem verschlechtert die Luft die W.U.Z. für Dampf, wodurch die kleineren Werte von k erklärt werden können.

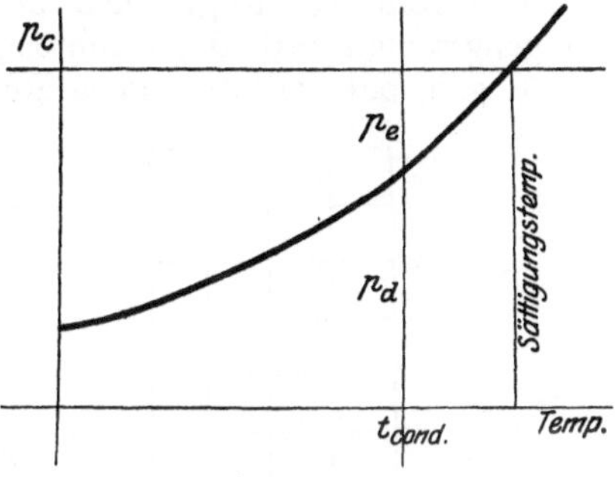

Abb. 41.

Der Fall, daß das Wasser sich nicht in Röhren bewegt, sondern dieselben umspült und durch Rührwerk bewegt wird, kommt in der Praxis häufig vor und fällt außerhalb dem Anwendungsgebiet der allgemeinen Gleichung. Es ist zu erwarten, daß die Wärmeübergangszahlen von der Form des Gefäßes, von der Art und Tourenzahl des Rührwerkes und von der Wandtemperatur abhängen.

Die Versuche von Austin[1]) geben über einige Punkte gewünschten Aufschluß, und darum ist das Versuchsresultat in Abb. 42 zusammengestellt. Bei diesen Versuchen war kein großer Unterschied zwischen Wand- und Wassertemperatur vorhanden (5 bis 6^0), so daß in Übereinstimmung mit der Gleichung von Dr. Soennecken

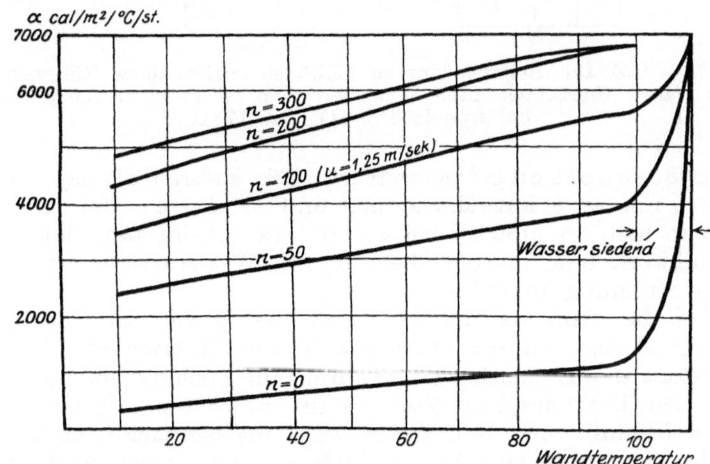

Abb. 42. W.U.Z. für vertikale Wandung an nichtsiedendes Wasser
(nach Versuchen von Austin).

[1]) Z. d. V. D. I. 1902, S. 1890.

immer die Wandtemperatur an Stelle der Wassertemperatur eingesetzt ist.[1])

Aus Abb. 43 folgt auch der geradlinige Verlauf der Wärmeübergangszahlen mit der Wandtemperatur, also $\alpha_t = \alpha_0 (1 + b\,t)$. Für
$n = 0$, d. h. bei stillstehendem Rührwerk ist $b = 0,014$, also genau

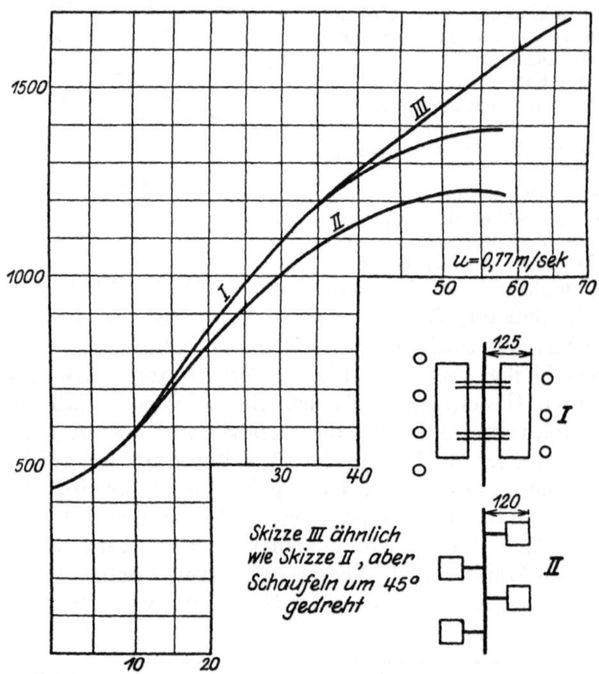

Abb. 43. W.U.Z. für Rohrwandung an nicht siedendes, durch Rührwerk be-
wegtes Wasser (berechnet nach Versuchen von v. Than, Z. f. d. g. Kälteindustrie 1908 S. 41) $t_w = 17^0$ C.

der von Soennecken gefundene Wert. Für andere Umlaufsgeschwin-
digkeiten nimmt b fortwährend ab, und ist bei $n = 200$ nur noch
0,07, also halb so groß als bei $n = 0$. Es scheint also, daß durch
das Rührwerk eine innigere Mischung der Wasserteilchen erfolgt als
bei der Strömung in Rohren.

Wie die Abb. 42 und 43 zeigen, ist α von der Tourenzahl
abhängig, d. h. von der Wirksamkeit des Rührwerkes. Im Anfang nimmt α mit zunehmender Tourenzahl rasch zu, um von einer
bestimmten Tourenzahl an fast konstant zu bleiben. Allgemein läßt
sich der Einfluß eines Rührwerkes wohl nie bestimmen; es handelt
sich hier eben um eine Flüssigkeitsbewegung, welche nicht durch

---

[1]) Für die Eintragung der W.U.Z. als Funktion der Temperaturdifferenz,
wie es theoretisch richtiger gewesen wäre, reichen die vorliegenden Versuchsresultate nicht aus.

eine mathematische Gleichung gelöst werden kann. Auch bei gleichen Umfangsgeschwindigkeiten sind die Werte von α je nach der Konstruktion des Rührwerkes verschieden.

Welche bedeutenden Temperaturunterschiede auch bei lebhaft siedendem Wasser vorhanden sein können, zeigen verschiedene Beobachtungen an Dampfkesseln, wo Temperaturunterschiede von 140^0 C zwischen oberen und unteren Schichten dauernd bestehen bleiben können.[1]

Für den Fall, daß kein Rührwerk vorhanden ist, und daß das Wasser durch ein einzelnes gerades und horizontales Rohr erwärmt wird, läßt sich die Strömung theoretisch wohl verfolgen, wie schon auf Seite 5 und 67 erwähnt wurde.

Es muß also auch hier eine Beziehung vorhanden sein,

$$\alpha \frac{d}{\lambda} = \text{Funktion} \left\{ \frac{d \cdot \gamma \cdot \beta (T_w - T_r)}{\eta \cdot g}, \ \frac{\lambda}{c_p \eta \cdot g} \right\} \ \ldots \ldots (2)$$

Leider fehlen für Flüssigkeiten Versuche zur Bestimmung der Gestalt dieser Funktion und deshalb kann diese theoretische Grundlage für die Praxis noch nicht voll ausgenützt werden. Man kann aber, nach Prof. Nusselt, in diesem Fall die dynamische Grundgleichung etwas vereinfachen, indem das Beschleunigungsglied vernachlässigt wird. Dann vereinfacht sich die allgemeine Gleichung (2) zu

$$\alpha \frac{d}{\gamma} = \text{Funktion} \left\{ \frac{d^3 c_p \gamma^2 \beta (T_w - T_r)}{\eta \lambda}, \ \frac{\lambda}{c_p \eta g} \right\}.$$

Die in Abb. 25 dargestellte, für Luft experimentell gefundene Kurve ist nur ein Spezialfall dieser allgemeinen Gleichung, wenn für $\dfrac{\lambda}{c_p \cdot \eta \cdot g}$ der Wert für Luft $\left(= \dfrac{1}{2,04} \right)$ eingesetzt wird. Diese Kurve gilt unter dieser Voraussetzung dann auch für die Abkühlung oder Erwärmung eines horizontalen Rohres in irgendeiner Flüssigkeit.

$$\alpha \frac{d}{\lambda} = \text{Funktion} \left\{ \frac{d^3 c_p \gamma^2 \beta (T_w - T_r)}{2,04 \, \eta \lambda} \right\}.$$

Da, wegen den großen Werten des spezifischen Gewichtes für Wasser, die praktischen Anwendungen sich fast immer auf den oberen geradlinigen Teil der Kurve beschränken, kann diese Funktion immer durch eine Potenz ersetzt werden (vgl. S. 67).

$$\alpha = 0,468 \frac{\lambda}{d} \sqrt[4]{\left\{ \frac{d^3 c_p \gamma^2 \beta (T_w - T_r)}{2,04 \, \eta \lambda} \right\}} \ \text{kcal/qm/sec/}^0 \text{C}$$

$$= 1420 \sqrt[4]{\frac{\gamma^2 c_p \beta \lambda^3}{\eta}} \sqrt[4]{\frac{T_w - T_r}{d}} \ \text{kcal/qm/st/}^0\text{C}. \ \ldots (35)$$

---

[1] Bach, Z.d.V.D.I. 1902, S. 22. Lewicki, Z.d.V.D.I. 1902, S. 928. Förster, Z.d.V.D.I. 1907, S. 641 und 1912 S. 2042.

In Tabelle 20 sind die Werte $\sqrt[4]{\dfrac{\gamma^3\, c_p\, \beta\, \lambda^3}{\eta}} = B$ für Wasser von verschiedenen Temperaturen berechnet, so daß die Bestimmung der W.U.Z. für diesen Fall auch leicht möglich ist. Es darf aber nicht vergessen werden, daß eine allgemeine Bestätigung durch Versuche bis jetzt noch nicht vorliegt.

Tabelle 20

zur Berechnung der W.U.Z. für nicht siedendes Wasser, das um ein horizontales Rohr frei strömt.

$$a = 1420 \cdot B \sqrt[4]{\frac{(T_w - T_r)}{d}} \ \text{kcal/qm/st/}^0\text{C}$$

$T_r =$ Wasser-temperatur	γ kg/m³	$10^6\,\eta$	λ	c_p	$10^4\,\beta$	$1420\,B$
10	1000	133,3	0,484	1,002	2,06	65
20	998,2	102,4	505	0,999	2,2	72
40	992,2	66,8	529	0,997	3	85
60	983,2	47,9	558	0,999	4,5	101
80	971,8	36,4	585	1,001	6	116
100	958,3	29	0,618	1,004	6,5	124

Für $\sqrt[4]{\dfrac{1}{d}}$ siehe Tabelle 9, S. 68.

Die Anwendung auf andere Flüssigkeiten stößt auf Schwierigkeiten wegen der Unsicherheit der Stoffkonstanten. In Tabelle 21 sind die Faktoren, welche bei der Wärmeübertragung eine Rolle spielen, für verschiedene Flüssigkeiten zusammengestellt; diese Tabelle ist noch sehr unvollständig, namentlich die Abhängigkeit von der Temperatur ist noch wenig erforscht. Diese Zahlen ermöglichen in Verbindung mit der allgemeinen Theorie doch oft eine Schätzung der W.U.Z. für die Strömung dieser Flüssigkeiten in Röhren.

Aus der allgemeinen Gleichung für den Wärmeübergang in Röhren

$$\alpha_n = 39\,\frac{\lambda}{a^{0,8}} = 39\,\lambda^{0,2}\,(c\,\gamma)^{0,8} \quad \ldots \ldots \quad (27\,\mathrm{n})$$

folgt, daß unter sonst gleichen Verhältnissen die W.U.Z. in diesem Fall sich verhalten wie:

$$\frac{\bar{\alpha}_1}{\bar{\alpha}_2} = \left(\frac{\lambda_1}{\lambda_2}\right)^{0,2} \left(\frac{c_1\,\gamma_1}{c_2\,\gamma_2}\right)^{0,8},$$

wobei aber zu beachten ist, daß für zähe Flüssigkeiten diese einfache Beziehung nicht mehr genau gültig ist. (Vgl. S. 55.)

Nach dieser Überlegung wäre die W.U.Z. für flüssiges Ammoniak von 25^0 C bei der Strömung in Röhren, wenn angenommen wird,

Tabelle 21.
Stoffwerte verschiedener Flüssigkeiten.

	Spez. Gewicht		Spez. Wärme kcal/kg/°C		Wärmeleitzahl cal/qm/st/°C
Wasser	1	bei 4°C	1		0,5[1])
Olivenöl	0,92	„ 15°	0,47		0,15
Maschinenöl	0,90 ÷ 0,93 „ 15°		0,40		0,1
Petroleum	0,79 ÷ 0,82 „ 15°		0,50		0,13
Benzin	0,68 ÷ 0,70 „ 15°		0,50		0,13
Glyzerin (wasserfrei) .	1,26	„ 0°	0,58		0,24
Alkohol	0,79	„ 15°	$0{,}56^{0^0}_{15^0}$		0,18
Quecksilber	13,6	„ 0°	0,033		6,5
Schweflige Säure flüssig	1,51	„ − 30°	0,33	0°	
	1,49	„ − 20°		+20°	
	1,435	„ ± 0°			
	1,356	„ + 30°	0,31	0°	
	1,150	„ 100°		−20°	
Ammoniak NH$_3$ flüssig	0,672	„ − 30°	0,93	0°	
	0,638	„ ± 0°		+20°	
	0,597	„ 30°	0,86	0°	
	0,465	„ 100°		−20°	
Kohlensäure CO$_2$ flüssig	1,53	„ − 79(fest)	0,64	0°	
	1,19	„ − 60°		20°	
	1,075	„ − 30°			
	0,925	„ ± 0°	0,48	0°	
	0,772	„ + 20°		−20°	
Sauerstoff flüssig . . .			0,347		
Stickstoff flüssig . . .			0,430		

NB. Die Zähigkeitszahlen der Flüssigkeiten sind sehr stark von der Temperatur abhängig; vgl. Abb. 24 S. 57.

Für die Zähigkeit von Ölen gilt, zwischen 20 und 100° C[2]).

$$\log \eta t^0 = (2{,}35 - 1{,}035 \log t)\ \log \eta_{20^0}.$$

daß die Wärmeleitzahlen von Wasser und flüssigem Ammoniak nicht stark voneinander abweichen,

$$\alpha_{\mathrm{NH_3}} = \left(\frac{0{,}6 \times 0{,}9}{1 \times 1} \right)^{0,8} = 0{,}52\ \alpha_{\mathrm{H_2O}}$$

also 52 % von der W.U.Z. für Wasser unter sonst gleichen Verhältnissen.

Für flüssige Kohlensäure bei 25° C

$$\alpha_{\mathrm{CO_2}} = \left(\frac{0{,}772 \times 0{,}64}{1 \times 1} \right)^{0,8} = 0{,}57\ \alpha_{\mathrm{H_2O}}$$

Für die freie Strömung um Röhren müßten die Werte $\dfrac{d^3 c_p \gamma^3 B}{\eta \lambda}$ der beiden Flüssigkeiten miteinander verglichen werden.

---

[1]) Vgl. auch S. 43.
[2]) Ölschläger, Z. d. V. D. I. 1918. S. 425.

Beispiel 19. Durch 74 Stahlrohre von 38 mm $\varnothing$ flossen 2400 kg Säure pro Stunde, deren spezifisches ·Gewicht 1,7 und deren spezifische Wärme 0,5 war und die von 31,4° C auf 17,8° gekühlt wurde durch Wasser, das um die Röhren strömt und sich dabei von 11 auf 14° C erwärmte.[1])

Es handelt sich hier um eine stark konzentrierte Säure ($\gamma = 1,7$); nehmen wir einmal an, daß es Schwefelsäure ist, dann ist (nach Winkelmann, Handbuch der Physik Bd. III, S. 525)

$$\lambda = 0,000\,765 \text{ cgs oder } 0,275 \text{ cal/m/st/}^0 \text{C}.$$

Unter sonst gleichen Verhältnissen ist also die W.U.Z. für Schwefelsäure

$$\alpha_{\text{H}_2\text{SO}_4} = \left(\frac{0,275}{0,495}\right)^{0,2} \left(\frac{1,7 \times 0,5}{1 \times 1}\right)^{0,8} = 0,89 \times 0,875 = 0,78\, \alpha_{\text{H}_2\text{O}}.$$

Die mittlere Geschwindigkeit der Säure ist

$$\frac{2400}{3600 \times 1700 \times 74 \times \frac{1}{4}\,\pi \times 0,038^2} = 0,00047\,\text{m/sec}.$$

Nehmen wir an, daß diese Geschwindigkeit für die konzentrierte Säure noch oberhalb der kritischen liegt, dann ist bei etwa 20° C mittlere Temperatur der Flüssigkeit, und da $f_d = 0,85$ ist für 38 mm $\varnothing$ (S. 60)

$$\alpha_1 = 0,78 \times 2500\,(1 \times 0,014 \times 20) \times 0,00047^{0,8} + 0,85 = 30 \text{ kcal/m}^2\text{/st/}^0\text{C}.$$

Das Kühlwasser strömt mit sehr kleiner Geschwindigkeit um diese Röhren herum; die W.U.Z hierfür wird demnach nicht stark von der W.U.Z. für freie Strömung nach Tabelle 20 abweichen.

Bei 12—13° C mittlerer Wassertemperatur und etwa 4° C Temperaturunterschied zwischen Rohrwand und Wasser ist

$$\alpha_2 = 68 \sqrt[4]{\frac{4}{0,038}} = 215 \text{ kcal/m}^2\text{/st/}^0\text{C}$$

und damit

$$\frac{1}{k} = \frac{1}{\alpha_1} + \frac{1}{\alpha_2} = \frac{1}{30} + \frac{1}{215} = 0,0377 \text{ oder } k = 26,5 \text{ (gemessen 22,5)},$$

also eine sehr gute Übereinstimmung zwischen Rechnung und Versuch.

VII. Wärmeübergangszahlen für siedendes Wasser.

Die Wärmeübertragung von siedender Flüssigkeit an einer Wandung scheint insofern ein besonders einfacher Fall zu sein, als die Temperatur der Flüssigkeit dabei konstant bleibt. Dennoch sind die Verhältnisse hier sehr verwickelt, was vielleicht dadurch zu erklären ist, daß es sich beim Sieden nicht mehr um eine homogene Flüssigkeit handelt, sondern um eine nicht näher zu präzisierende Mischung von Dampf und Flüssigkeit, welche sich je nach den Umständen stark verändern kann.

Die hierfür aus Versuchen gefundenen Zahlenwerte variieren etwa zwischen 1100 und 7000 WE/qm/st/° C. Das mehr oder weniger lebhafte Sieden, die Form und Anordnung der Heizfläche, die Höhe der Flüssigkeitsschicht, sowie der Umstand, ob die Flüssigkeit in Bewegung gebracht wird, sei es durch Rührwerk oder Eigengeschwindigkeit, sind Faktoren, welche auf die Wärmeübertragung Einfluß ausüben.

Der Temperatursprung zwischen Wandung und siedender Flüssigkeit kann etwa als Maßstab für die Lebhaftigkeit des Siedens an-

---

[1]) Beobachtung Hausbrand, Verdampfen. 6. Aufl. S. 446.

genommen werden. Die von Austin[1]), Holborn & Dittenberger[2]) gefundenen Werte für die W.U.Z. von einer vertikalen Wand an siedendes Wasser sind in Abb. 44 eingetragen.

Dr. Claassen[3]) hat auch eine Reihe systematischer Versuche gemacht, um den Einfluß von verschiedenen Faktoren auf den Wärmedurchgang zu untersuchen. Er bestimmt also die Wärmedurchgangszahlen, und nimmt deshalb die Temperaturdifferenz zwischen siedende Flüssigkeit und Heizdampf. Seine Versuchsresultate sind deshalb zum Vergleich der W.U.Z. nicht ohne weiteres zu verwenden, und sollten auf den Temperaturunterschied zwischen Wandung und Flüssigkeit umgerechnet werden. Bei Vakuumapparaten darf dann der Einfluß der Flüssigkeitshöhe nicht vernachlässigt werden. Die Dampfblasen entstehen an der Heizfläche unter einem Überdruck der Flüssigkeitsschicht, wodurch der Siedepunkt an der Heizfläche erhöht wird. Bei einem absoluten Druck von 14,8 cm Hg $(t_d = 59{,}9^0)$ und bei einer Flüssigkeitshöhe von 400 mm Wasser ist die Temperatur der Flüssigkeit an der Heizfläche ca. 64^0 C. Dann darf die Wandtemperatur wegen dem verhältnismäßig hohen Wert von α_2 hier nicht gleich der Dampftemperatur des Heizdampfes gesetzt werden, sondern muß unter Berücksichtigung der Werte von α_1 und α_2 geschätzt werden. Die so berechneten Werte der W.U.Z. zeigen keine bestimmte Gesetzmäßigkeit; bei den hohen Werten der W.U.Z. ist auch eine schwache Inkrustierung der Heizfläche von bedeutendem Einfluß. Einige aus seinen Versuchen berechneten Werte für sorgfältig gereinigte Heizfläche sind in Abb. 44 angedeutet.

Die Frage, ob die Temperatur der siedenden Flüssigkeit selbst einen Einfluß auf die Wärmeübertragung ausübt, wie Dr. Claassen scheinbar gefunden hat, bleibt also noch offen. Ich vermute, daß hier wie bei kondensierendem Dampf nur die innere Bewegung der Flüssigkeitsteilchen ausschlaggebend ist, und daß, solange die Dampfblasen frei aufsteigen können, die Temperatur der Flüssigkeit nur eine untergeordnete Rolle spielt.

Die Flüssigkeitshöhe scheint auf die W.U.Z. auch keinen großen Einfluß zu haben, wenn die Erhöhung des Siedepunktes durch die Flüssigkeitssäule berücksichtigt wird. Dagegen hat die Lage und die Form der Heizfläche, ob horizontal, vertikal oder gewölbt, ob Heizschlangen usw., einen sehr großen Einfluß. Das zeigen z. B. die Versuche von Reutlinger[4]) für horizontale Heizflächen und große Temperaturdifferenzen und von Fehrmann[5]) für gewölbte Böden. Auch diese Werte sind in Abb. 44 eingetragen.

Prof. Mollier[6]) berichtet u. a. noch über eine Reihe Verdampfungsversuche von Gebrüder Sulzer in Winterthur mit Rohren

[1]) Z. d. V. D. I. 1902, S. 1894.
[2]) Z. d. V. D. I. 1919.
[3]) Z. d. V. D. I. 1902, S. 418.
[4]) Z. d. V. D. I. 1910, S. 550.
[5]) Z. d. V. D. I. 1919, S. 974.
[6]) Z. d. V. D. I. 1897.

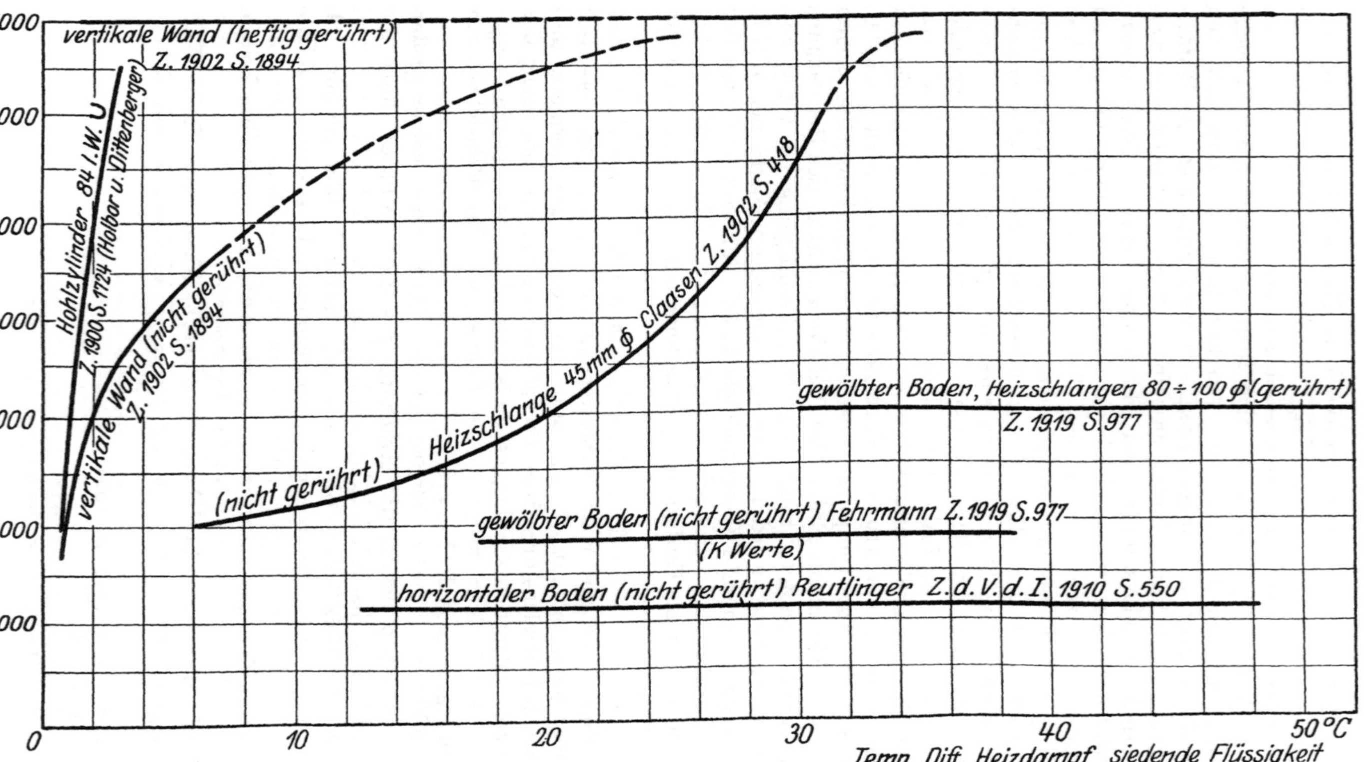

Abb. 44. Wärmeübergangszahlen für siedendes Wasser.

von 90 bis 100 mm Durchmesser, aus Kupfer, Schmiedeeisen, Gußeisen, lackiert, sauber gedreht usw. und mit verschiedenen Wandstärken (2 bis 15 mm). Bei diesen Versuchen wurden die Wärmedurchgangszahlen beobachtet. In der Gleichung

$$\frac{1}{k} = \frac{1}{\alpha_1} + \frac{1}{\alpha_2} + \sum \frac{\delta}{\lambda}$$

ist nun der Einfluß des Materials und der Wandstärke leicht auszuschalten. Auch können die W.U.Z. für Dampf nach der Formel von Dr. Nusselt (S. 106) berechnet werden, so daß aus diesen Versuchen auch die W.U.Z. für siedendes Wasser zu berechnen wären. Die W.U.Z. für kondensierenden Dampf hängen nun aber von der Temperaturdifferenz zwischen Dampf und Wandung ab, und diese Differenz wird auch durch die W.U.Z. für das siedende Wasser beeinflußt. Da die Wandtemperaturen bei den Versuchen selbst nicht gemessen wurden, erhält die ganze Rechnung eine gewisse Willkürlichkeit, so daß ich diese Versuche nicht in die Abbildung eingetragen habe. Die Rechnung gibt für die W.U.Z. für siedendes Wasser aus diesen Versuchen für die verschiedenen Rohren ungefähr den Wert $\alpha_2 = 4500$ bis 4800.

Aus den gleichen Gründen konnten auch viele andere Versuche über Wärmedurchgangszahlen (Morisson, Péclet, Hüttig usw.) nicht berücksichtigt werden. Die W.U.Z. für Rohrschlangen von verschiedener Form und Durchmesser liegen aber zwischen den Werten, welche für horizontale und vertikale Wandung gefunden worden sind.

Für gewölbte Böden gibt Hausbrand[3]) den Erfahrungswert $k = 1400$ bis 1700, je nach Größe der Heizfläche oder vielleicht richtiger je nach der Wölbung.

Fehrmann leitet aus seinen Versuchen eine Abhängigkeit der W.U.Z. vom Dampfdruck ab. Fassen wir aber die Versuche mit gleicher Heizflächenform zusammen, so z. B. gewölbter Boden (Versuch 7, 8, 9, 10 und 15) oder bewegliche Kupferrohre, so ist innerhalb der Versuchsgrenzen (1 bis 2 at, resp. 2 bis 4,7 at) absolut kein Einfluß der Dampfspannung vorhanden.

Sicher ist auch die Art der Flüssigkeit von großem Einfluß auf die Wärmeübertragung. Je dickflüssiger und schlecht leitender die Flüssigkeit ist, um so schlechter wird auch die Wärmeübertragung sein. Eine bestimmte Gesetzmäßigkeit zwischen Zähigkeit, Wärmeleitfähigkeit und spez. Wärme für siedende Flüssigkeiten ist auch noch nicht gefunden.

Je leichter die sich bildenden Dampfblasen an die Oberfläche der Flüssigkeit gelangen können, um so besser wird im allgemeinen die Wärmeübertragung sein. Systematische Versuche über den Einfluß der Form und Anordnung der Heizfläche sowie über die physikalischen Eigenschaften der Flüssigkeiten fehlen aber z. Z. noch.

Aus Abb. 44 folgt aber, daß für die Wärmeübertragung von siedenden Flüssigkeiten und namentlich bei kleinen Temperatur unterschieden vertikale Heizflächen am wirksamsten sind.

VIII. Wärmeübergangszahlen für kondensierenden Dampf.

Die Erfahrungszahlen für den Wärmeübergang von kondensierendem Dampf liegen auch sehr stark auseinander, und zwar etwa zwischen 3200 und 30000[1]). Als guter Mittelwert kann bei den meisten Rechnungen die W.U.Z. für kondensierenden Dampf $= 10\,000$ angenommen werden. Erst wenn in der Gleichung $\dfrac{1}{k} = \dfrac{1}{\alpha_1} + \dfrac{1}{\alpha_2} + \sum \dfrac{\delta}{\lambda}$ auch $\dfrac{1}{\alpha_2}$ etwa größer als 2000 wird, ist der Fehler durch die ungenaue Kenntnis der W.U.Z. für kondensierenden Dampf größer.

Eine theoretische Untersuchung von Prof. Nusselt[2]) hat auch hier einen tieferen Einblick in die Vorgänge bei der Kondensation ermöglicht. Ausgehend von der Annahme, daß sich an der Kühlfläche eine Wasserhaut bildet, die getrieben von der Schwere und gehemmt von der Zäheit abwärts fließt und daher dicker wird, und daß durch diese Schicht das Temperaturgefälle verursacht wird, leitet er eine Formel für die W.U.Z. ab, welche durch Versuche eine gute Bestätigung gefunden hat.

Er findet für die W.U.Z. für **ruhenden** Dampf

für senkrechte Wand: $\alpha = 0{,}945$

für horizontales Rohr: $\alpha = 0{,}73$

$$\sqrt[4]{\frac{r\,\gamma_f^{\,2}\,\lambda_f^{\,3}}{\eta_f\,H(t_d - t_w)}} \;\; \text{kcal/qm/sec/}^0\,\text{C} \qquad (36)$$

worin

$r =$ die Verdampfungswärme . . . . [kcal/kg],

$\gamma_f =$ das spezifische Gewicht des Kondensates [kg/m³],

$\lambda_f =$ die Wärmeleitzahl   „   „   [kcal/m/sec/⁰ C],

$\eta_f =$ die Zähigkeitszahl   „   „   [kg/sec/m²],

$t_d =$ die Dampftemperatur . . . . ^{0} C,

$t_w =$ die Wandtemperatur . . . . ^{0} C,

$H =$ Höhe einer senkrechten Wand oder Rohr-

     durchmesser . . . . m.

Unter ruhendem Dampf ist hier solcher verstanden, dessen Geschwindigkeit parallel zur Wand die Größenordnung von 1 m/sec nicht übersteigt.

Bei der Ableitung dieser Formel ist η, γ, r als unabhängig von der Temperatur angenommen; sie gilt also nur für kleine Temperaturunterschiede. Da diese Werte aber unter der vierten Wurzel auftreten, können diese auch bei größeren Temperaturintervallen, ohne nennenswerten Fehler, für eine mittlere Temperatur $t_m = \dfrac{t_d + t_w}{2}$ eingesetzt werden.

Diese Formeln gelten für ein einzelnes horizontales Rohr oder für die oberste Reihe eines Rohrbündels. Liegen nun mehrere Rohre

---

[1]) Dr. Poensgen, Z. d. V. D. I. 1916, S. 42, Mitteilungen über Forschungsarbeiten, H. 191/192, worin auch ein ausführlicher Literaturnachweis sowie eine geschichtliche Zusammenfassung enthalten ist.

[2]) Z. d. V. D. I. 1916, S. 541.

übereinander, so tropft das abfließende Kondensat auf das darunter liegende Rohr und vermindert dessen Wärmeabgabe. Für das zweite Rohr berechnet Prof. Nusselt, daß der Wärmeübergang nur $68\,\%$ von dem des obersten beträgt. Für tiefer liegende Rohre wird dieser Prozentsatz natürlich noch kleiner.

Um die Berechnung der W.U.Z. aus dieser Formel zu erleichtern, sind in Tabelle 22 die Werte von $A = \dfrac{r\,\gamma_f{}^2\,\lambda_f{}^3}{\eta_f}$ für verschiedene Temperaturen berechnet.

Für ruhenden Dampf und senkrechte Wände ist dann

$$\alpha \sqrt[4]{H\,(t_d - t_w)} = 0{,}945 \sqrt[4]{A} \quad \ldots \ldots \quad (36\,\text{a})$$

Für horizontale Rohre müssen diese Werte mit 0,775 multipliziert werden, wobei auch noch zu beachten ist, daß die so berechneten Werte die W.U.Z. in kcal pro Sekunde sind (s. Tab. 16, S. 86).

Für den Fall, daß der gesättigte Dampf mit einer Geschwindigkeit w_d an einer senkrechten Wand herunterströmt, berechnet Nusselt die Beziehung:

$$\frac{\alpha_m}{\lambda} \sqrt[4]{\frac{H}{a}} = \text{Funktion} \left(\frac{b}{\sqrt[4]{\dfrac{H}{a}}} \right),$$

worin zur Abkürzung

$$a = \frac{r\,\gamma_f{}^2}{4\,\lambda_f\,\eta_f\,(t_d - t_w)},$$

$$b = \frac{c_3\,w_d{}^2\,\gamma_d}{3\,\gamma_f}.$$

und

$$c_3 = 0{,}00115 \ \text{m/sec}^2$$

gesetzt ist, also

$$\alpha_m \sqrt[4]{\frac{4\,H\,(t_d - t_w)}{A}} = \text{Funktion} \ \frac{B\,w^2}{\sqrt[4]{\dfrac{4\,H\,(t_d - t_w)}{A}}}, \quad \ldots \quad (33)$$

worin $\quad B = \dfrac{c_3\,\gamma_d}{3\,\gamma_f\,\lambda_f} \quad$ und $\quad A = \dfrac{r\,\gamma_f{}^2\,\lambda_f{}^3}{\eta_f} \quad$ ist.

Diese Funktion ist nun [nach Nusselt[1])] in Abb. 45 eingezeichnet, und die berechneten Werte von A und B für verschiedene Temperaturen in Tabelle 22 eingetragen, so daß die Berechnung der W.U.Z. auch in diesem Falle leicht, nur mit Hilfe des Rechenschiebers durchzuführen ist.

Strömt der Dampf von unten nach oben, also entgegen der Richtung des herunterrieselnden Kondensates, so muß der Dampf

---

[1]) Vgl. Nusselt, Z. d. V. D. I. 1916, S. 571.

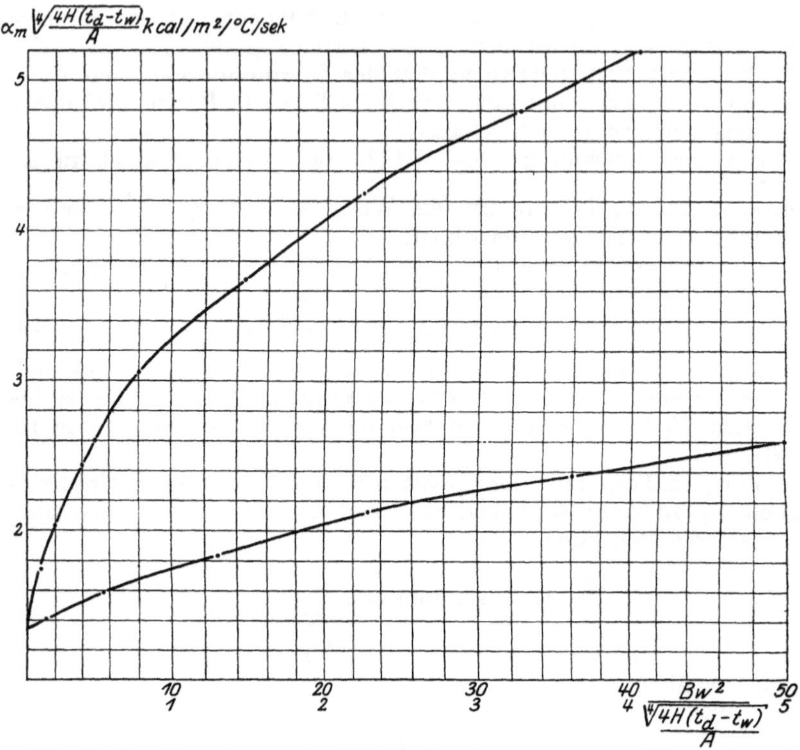

Abb. 45. Zur Berechnung der W.U.Z. für kondensierenden Wasserdampf
(nach Prof. Nusselt).

eine gewisse minimale Geschwindigkeit haben, um alles Kondensat
nach oben mitzureißen. Für kleinere Geschwindigkeiten fließt ein
Teil des Kondensates nach unten, während ein anderer Teil nach
oben durch den Dampf mitgeführt wird, wodurch die W.U.Z. etwas,
doch nicht wesentlich beeinflußt werden.

Nach der Tabelle 22 sind die W.U.Z. auch für schwach ge-
spannte Dämpfe noch verhältnismäßig hoch, so daß einen nennenswerten Einfluß der Dampfspannung auf die Wärmedurchgangszahlen,
wie oft beobachtet sein soll, wenigstens für Rohren und vertikale
Wände nicht nachweisbar ist. Die Rechnungen von Prof. Nusselt
sind auf horizontale Flächen nicht anwendbar, es sei denn, daß es
möglich wäre, die Dicke der Wasserhaut zu bestimmen, wo die
Tropfenbildung anfängt. Für horizontale Flächen und für schwach-
gewölbte Böden werden sicher noch etwas kleinere Zahlenwerte als
für Rohren gelten.

Besonders erwünscht ist auch, daß durch die Untersuchung von
Prof. Nusselt die Anwendung auf andere Dämpfe möglich ge-
worden ist (Tabelle 23).

Tabelle 22.

Zur Berechnung der Wärmeübergangszahlen für kondensierenden Wasserdampf.

$$\alpha_m \sqrt[4]{\frac{4\,H\,(t_d - t_w)}{A}} = \text{Funktion} \ \frac{B\,w^2}{\sqrt[4]{\dfrac{4\,H\,(t_d - t_w)}{A}}} \quad \dots \dots \ (37)$$

Temp. ^{0}C	Zähigkeitszahl $10^6\,\eta_f$ kg·sec/m^2	Spez.Gew. Wasser γ_f kg/m^3	Spez.Gew. Dampf γ_d kg/m^3	$A = \dfrac{r\,\gamma_f{}^2\,\lambda_f{}^3}{\eta}$ kcal^4 / sec^4/^{0}C^3/m^7	$\sqrt[4]{A}$	$B = \dfrac{c_3\,\gamma_d}{3\,\gamma_w\,\lambda_w}$ $B\,10^5$ sec^3/^{0}C / kcal
0	183,3	999,9	0,00484	8,9	1,725	1,21
5	154,8	1000	00680	10,5	1,8	1,7
10	133,3	999,7	00934	12,1	1,865	2,34
15	116,3	999,1	01283	13,9	1,93	3,2
20	102,4	998,2	0173	15,6	1,99	4,32
25	91,2	997,1	0230	17,5	2,04	5,75
30	81,7	995,7	0304	19,5	2,1	7,6
40	66,8	992,2	0512	23,6	2,2	12,8
50	56,2	988,1	0832	27,8	2,3	20,8
60	47,9	983,2	0,1303	32	2,38	33
70	41,5	977,8	1982	36	2,45	50
80	36,4	971,8	2936	41	2,53	76
90	32,3	965,3	4219	45	2,59	108
100	29,0	958,5	5974	49	2,65	155
110	26,1	951,0	0,8264	53	2,7	216
120	23,7	943,4	1,122	57	2,75	298
130	21,6	935,2	1,497	61,5	2,8	400
140	20,0	926,4	1,968	64	2,83	535
150	18,8	917,3	2,547	69	2,88	690
160	17,7	907,5	3,253	70	2,9	880

Tabelle 23.

Wärmeübergang für andere Dämpfe.

	t_d ^{0}C	$10^6\,\eta_f$ kg/sec/m^2	λ_f kcal/m/sec/^{0}C	γ_f kg/m^3	r	A	$\sqrt[4]{A}$
Alkohol . . .	78,3	43,9	0,000 041 1	794	210	0,21	0,68
Benzol	80,4	32	0,000 032 2	885	94	0,075	0,525
Ammoniak . .	20			600	300		

Für Alkoholdampf ist beim Druck von 1 at und unter sonst gleichen Verhältnissen die W.U.Z. nur etwa 25$^0/_0$ der Werte für Wasserdampf; für Benzol etwa 20$^0/_0$. Die praktische Anwendung auf andere Dämpfe ist wegen der Unsicherheit in den Zähigkeits- und Wärmeleitzahlen für Flüssigkeiten noch ziemlich beschränkt. Für Ammoniakdämpfe werden vielleicht etwa 80$^0/_0$ der Werte für Wasserdampf gelten.

Luftfreiheit und rasche Entfernung des Kondensates begünstigen den Wärmeübergang, und soll hierauf bei der Konstruktion von Apparaten immer entsprechend Rücksicht genommen werden. In ungünstigen Fällen kann dadurch der Wert der W.U.Z. ganz bedeutend heruntergehen. Nach Prof. Josse soll schon durch 5 $^0/_{00}$ Gewichtsteile **Luft** in Kondensatoren die Wärmedurchgangszahlen auf die Hälfte reduziert werden.

Beispiel 20.

$p = 0,02$ at; $\quad \varDelta t = 10^0$ C; $\quad t_d = 17,2^0$ C, $\quad A$ (Tabelle 22) $= 14,5$.

Für vertikale Wand: $H = 0,25$ m.

$$\alpha_m = 0,945 \times 3600 \sqrt[4]{\frac{A}{H(t_d - t_w)}} = 3400 \sqrt[4]{\frac{14,5}{2,5}} = 1,55 \times 3400 = \mathbf{5300} .$$

$$p = 7 \text{ at}, \quad t_d = 164,2^0 \quad A = 71; \quad \varDelta t = t_d - t_w = 10^0 .$$

$$\alpha_m = 3400 \sqrt[4]{\frac{71}{2,5}} = 3400 \times 2,32 = \mathbf{7900} \text{ kcal/qm/st/}^0\text{C} .$$

Strömt der Dampf in beiden Fällen mit einer Geschwindigkeit $w_d = 50$ m/sec an dieser vertikalen Fläche herunter,

a) $p = 0,02$ at, $\quad B = 3,7 \cdot 10^{-5}$,

$$\frac{B w^2}{\sqrt[4]{\dfrac{4 H (t_d - t_w)}{A}}} = \frac{3,7 \times 2500}{10^5 \sqrt[4]{\dfrac{4 \times 0,25 \times 10}{14,7}}} \sim 0,1 .$$

$$\alpha_m \sqrt[4]{\frac{4 H (t_d - t_w)}{A}} \quad \text{nach Fig. 45} = 1,4 ,$$

$$\alpha_m \sqrt[4]{\frac{4 \times 0,25 \times 10}{14,7}} = 0,91 \, \alpha_m = 1,4 ,$$

$$\alpha_m = 1,54 \text{ kcal/qm/sec/}^0\text{C} ,$$
$$= 1,54 \times 3600 = \mathbf{5450} \text{ kcal/qm/st/}^0\text{C}$$

b) $p = 7$ at, $\quad B = 930 \cdot 10^{-5}$,

$$\frac{B w^2}{\sqrt[4]{\dfrac{4 H (t_d - t_w)}{A}}} = 37,6 ,$$

$$\alpha_m \sqrt[4]{\frac{10}{71}} \quad \text{nach Fig. 45} = 5,05 ,$$

$$\alpha_m = 8,25 \times 3600 = \mathbf{29\,500} \text{ kcal/qm/st/}^0\text{C} .$$

Aus dieser Rechnung folgt, daß bei kleinen Drücken (Vakuum) der Einfluß der Geschwindigkeit gering ist, während bei hohen Drücken die W.U.Z. mit der Geschwindigkeit stark zunehmen.

Verhältnis zwischen Rohrlänge und Durchmesser.

Da die Wärmeübertragung in engen Rohren größer ist als in weiten, kommt man leicht dazu, die Durchmesser der Rohre zu klein zu wählen. Die durch die Röhren strömende Flüssigkeit (Dampf, Wasser, Heizgas) besitzt aber einen durch Druck, Temperatur und Geschwindigkeit bestimmten Wärmeinhalt. Mehr Wärme als dieser Wärmeinhalt kann also die Flüssigkeit nicht abgeben, wie auch die Heizfläche durch Verlängerung der Rohre vergrößert wird. Aus diesem Grunde ist der Länge der Heizschlangen eine bestimmte Grenze gegeben, über die hinaus es keinen Wert hat die Heizfläche zu vergrößern.

Strömt z. B. durch ein Rohr gesättigter Dampf, und sei

d_i = innerer Rohrdurchmesser in m,
d_a = äußerer Rohrdurchmesser in m,
w = Dampfgeschwindigkeit in m/sec,
r = Verdampfungswärme in kcal/kg,
γ = spezifisches Gewicht in kg/cbm,
τ_m = mittlere Temperaturdifferenz,
k = Wärmedurchgangszahl in kcal/qm/st/^{0}C,

so ist der Wärmeinhalt des einströmenden Dampfes:

$$Q = \frac{1}{4}\, \pi\, d_i^2\, w \cdot 3600\, r\, \gamma \ \text{cal/st}$$

und die im Rohr abgegebene Wärme

$$Q = k\, \tau\, \pi\, d_a\, l .$$

Durch Gleichstellung beider Werte, wobei zur Vereinfachung $d_i = d_a$ gesetzt ist:

$$\frac{l}{d} \leqq \frac{900\, w\, r\, \gamma}{k\, \tau_m} \qquad \ldots \ldots \ldots \ldots \quad (38)$$

Strömt an Stelle des Dampfes irgendeine Flüssigkeit durch das Rohr, mit der spezifischen Wärme c, welche sich um Δt abkühlt, so ist in dieser Gleichung r durch $c\, \Delta t$ zu ersetzen.

Beispiel 21. Wie lang darf höchstens eine Verdampferschlange werden von 30 mm l. W., wenn darin schweflige Säure bei -10^0 C verdampft und eine maximale Dampfgeschwindigkeit von 10 m/sec zugelassen wird?

Nehmen wir, wie bei Eisgeneratoren üblich, $k = 250$ und $\tau = 6^0$ C, dann ist, da die Verdampfungswärme r für schweflige Säure bei -10^0 C 93 kcal/kg und das spezifische Gewicht des Dampfes $\gamma = 3{,}0$ ist, nach Gleichung (38)

$$\frac{l}{0{,}03} < \frac{900 \times 10 \times 93 \times 3{,}0}{250 \times 6} = 1670 \quad \text{oder} \quad l < 50 \ \text{m}.$$

Aber auch bei der Erwärmung, wenn eine bestimmte Endtemperatur erreicht werden soll, besteht für Rohrenapparate eine Beziehung zwischen Rohrdurchmesser und Länge.

In der allgemeinen Gleichung

$$\tau_e = \tau_a\, e^{-\mu k F} \qquad \ldots \ldots \ldots \ldots \quad (18)$$

besteht nämlich für Rohrenapparate ein bestimmter Zusammenhang zwischen k und F oder d. Dieser Zusammenhang zwischen k und d läßt sich nun allgemein nicht durch eine einfache Formel ausdrücken. Nur für den Fall, daß in der Gleichung

$$\frac{1}{k} = \frac{1}{\alpha_1} + \frac{1}{\alpha_2} + \sum \frac{\delta}{\lambda}$$

α_2 und $\sum \dfrac{\lambda}{\delta}$ gegenüber α_1 vernachlässigt werden dürfen, kann diese Beziehung zwischen d und l auch in einer analytischen Formel ausgedrückt werden. Dieser Fall ist fast immer bei Lufterwärmung vorhanden; dann ist $k = \alpha_1$.

Wenn außerdem noch die Temperatur des Heizmittels unveränderlich bleibt, wie es z. B. bei kondensierendem Dampf immer der

Fall ist, dann ist in Gleichung (18) $\mu = \dfrac{1}{G \cdot c}$, worin $G =$ das strömende Luftgewicht in kg/Stunde und $c =$ die spezifische Wärme der Luft ist.

Besteht nun der Rohrenapparat aus n Rohren vom Durchmesser d und sei $w =$ die mittlere Geschwindigkeit in m/sec, dann ist

$$G \text{ kg/Stunde} = 3600 \times \tfrac{1}{4} \pi d^2 \cdot w \cdot n$$

und

$$F = \pi d l n,$$

also

$$l n = \frac{\tau_e}{\tau_a} = - \frac{\alpha \pi d l n}{900 \, \pi d^2 n \cdot w} = - \frac{\alpha l}{900 \, w \cdot d}.$$

Nun ist allgemein $\alpha = b w^{0,8} d^{-0,2}$, und für Luft sind die Werte von b in Tabelle 8 eingetragen.

$$l n = \frac{\tau_e}{\tau_a} = - \frac{b w^{0,8} d^{-0,2} \, l}{900 \, w \cdot d} = - \frac{b \cdot l}{900 \, w^{0,2} d^{1,2}}.$$

Soll nun eine bestimmte Endtemperatur erreicht werden, so ist $\dfrac{\tau_e}{\tau_a}$ bekannt. Auch die Geschwindigkeit ist meist mit Rücksicht auf den Druckverlust beschränkt[1]), so daß aus dieser Gleichung dann das Verhältnis zwischen l und d zu berechnen ist.

Wärmedurchgangszahlen von Dampf an nicht siedendes Wasser.

Wie aussichtslos es ist, allgemein gültige Werte, Formeln oder Tabellen für die Wärmedurchgangszahlen anzugeben, sei an diesem einfachen, in der Praxis wiederholt vorkommenden Fall gezeigt. In Abb. 46 sind einige durchgerechnete Beispiele eingetragen, und zum Vergleich auch die viel gebrauchte Formel $1700 \sqrt[3]{w_w}$ (Hütte). Diese empirische Formel entspricht ungefähr den Wärmedurchgangszahlen für ein leicht inkrustiertes Eisenrohr von 20 **mm** $\varnothing$ bei einer mittleren Temperatur $t_m = 25^{\circ}$ C. (Tabelle 24.)

Dieses Beispiel mag genügen, um zu erklären, **warum** bisher die verschiedenen Erfahrungswerte für die Wärmedurchgangszahlen so wenig übereinstimmende Resultate gaben. Interessant ist die wenig beachtete oder bekannte Tatsache, daß die Wärmedurchgangszahlen bei niedriger Wandtemperatur soviel kleiner werden.

Stark verbreitet ist auch die Meinung, daß die Wärmeübertragung unter sonst gleichen Verhältnissen mit der Dampfspannung abnimmt, und daß also schwachgespannter Dampf weniger Wärme abgeben soll, als höher gespannter[2]). Eine solche Abhängigkeit ist

---

[1]) Es sei hier auf die in den Mitteilungen über Forschungsarbeiten, Heft 131 und 158/159 veröffentlichten Untersuchungen von Blasius u. Ombeck hingewiesen, worin auf Grund des Ähnlichkeitsprinzips auch für die Reibungsverluste einheitliche Gesetze aufgestellt werden.

[2]) z. B. Hausbrand, Verdampfen, 6. Auflage, S. 58/59. Dr. Hoefer, Mitteilungen Maschinenlaboratorium Berlin, Heft V, S. 83. Z. d. V. D. I. 1919, S. 632.

Tabelle 24.

Wärmedurchgang-Dampf-Wasser.

W m/sec	Messingrohr 20/23 ϕ; $t_m = 100°$ C reine Oberfläche				Eisenrohr 30/38 ϕ; $t_m = 100°$, 0,2 mm Kesselstein				Eisenrohr 31/38 ϕ; $t_m = -10°$, 1 mm Eisschicht			
	α_2	$\frac{1}{\alpha_2}$	$\frac{1}{k}$	k	α_2	$\frac{1}{\alpha_2}$	$\frac{1}{k}$	k	α_2	$\frac{1}{\alpha_2}$	$\frac{1}{k}$	k
0,05	680	0,00147	0,00159	630	475	0,00210	0,00237	420	206	0,00485	0,00602	166
0,10	1170	86	98	1020	990	100	127	775	350	285	402	248
0,2	2000	50	62	1620	1580	063	90	1120	570	175	292	345
0,4	3480	28	40	2500	2750	0365	64	1560	1000	100	227	440
0,5	4150	24	36	2780	3260	0306	58	1720	1170	85⁵	203	490
0,7	5400	18⁵	30⁵	3280	4300	0232	51	1960	1550	64⁵	182	550
1,0	7100	14	26	3850	5700	0175	45	2220	2040	48⁵	166	600
1,5	9800	10	22	4550	7800	0120	39	2450	2800	36	153	655
2	12300	0,00008	0,00020	5000	10000	0,000100	37	2700	3560	0,00029	0,00146	675

$$\alpha_2 = 2920\, f_d\,(1 + 0,014\, t_m)\, w^{0,8},$$
$$\alpha_1 = 10\,000,$$
$$\frac{1}{k} = \frac{1}{\alpha_1} + \frac{1}{\alpha_2} + \frac{0,0015}{80}$$
$$= \frac{1}{\alpha_2} + 0,00012\,.$$

$$\alpha_2 = 2500\, f_d\,(1 + 0,014\, t_m)\, w^{0,8},$$
$$\alpha_1 = 10\,000,$$
$$\frac{1}{k} = \frac{1}{\alpha_1} + \frac{1}{\alpha_2} + \frac{0,0035}{54} + \frac{0,0002}{2}$$
$$= \frac{1}{\alpha_2} + 0,00036\,.$$

$$\alpha_2 = 2500\, f_d\,(1 + 0,014\, t_m)\, w^{0,8},$$
$$\alpha_1 = 10\,000,$$
$$\frac{1}{k} = \frac{1}{\alpha_1} + \frac{1}{\alpha_2} + \frac{0,0035}{54} + \frac{0,001}{1}$$
$$= \frac{1}{\alpha_1} + 0,00117\,.$$

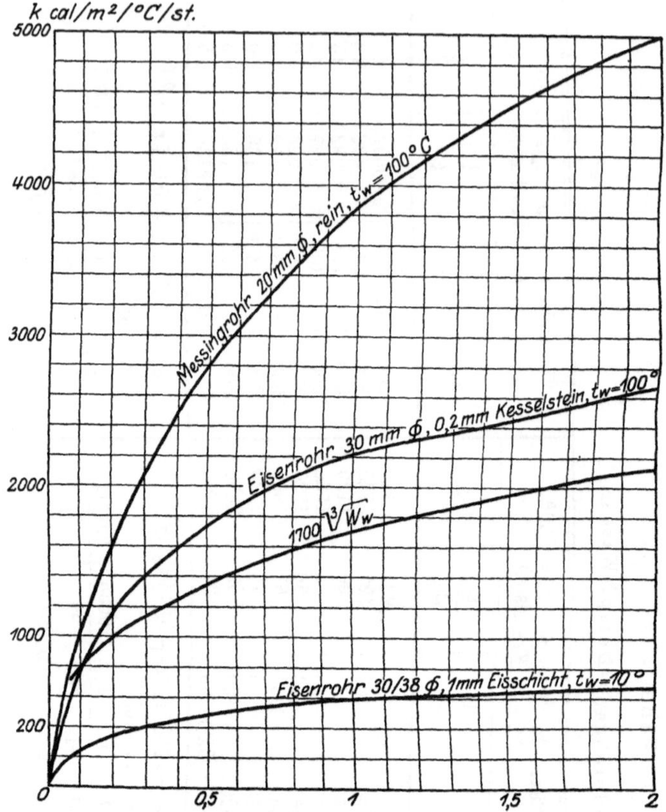

Abb. 46. Wärmedurchgangszahlen Dampf-Wasser (nicht siedend) berechnet aus

$$\frac{1}{k} = \frac{1}{\alpha_1} + \frac{1}{\alpha_2} + \sum \frac{\delta}{\lambda}.$$

nach der Theorie nicht zu erwarten (vgl. S. 108). Dr. Hoefer stützt seine Behauptung auf eine große Anzahl Messungen, wobei die Wärmedurchgangszahlen tatsächlich eine Abhängigkeit von der Dampfspannung zeigen, welche aber durch die verschiedenen Wassertemperaturen zwanglos erklärt werden. In Tabelle 25 sind nun die Wärmedurchgangszahlen für die bei den Versuchen von Dr. Hoefer vorliegenden Verhältnisse gerechnet und mit den aus den Versuchen bestimmten verglichen. Mit Ausnahme der ganz kleinen Geschwindigkeiten (unter 0,2 m/sec) ist die Übereinstimmung zwischen Rechnung und Versuch sehr gut. Die Abweichungen bei kleinen Strömungsgeschwindigkeiten lassen sich dadurch erklären, daß Dr. Hoefer, um die mittleren Wassertemperaturen an den verschiedenen Rohrstellen zu messen, mit den Thermoelementen Wirbelstücke in die Rohrleitung einschob, so daß die tatsächlichen Wassergeschwindigkeiten sicher größer gewesen sind, als die aus Wassermengen und Rohrquerschnitt berechneten.

Tabelle 25.

Wärme durchgangszahlen-Dampf-Wasser.

(Versuche von Dr. Hoefer).

Versuch Nr.	Wassergeschwindigkeit W m/sec	t_f °C	α_2 kcal/qm/st/°C	$\dfrac{1}{\alpha_2}$	k berechnet	k aus Versuch
1	0,058	49	613	0,00163	570	1595
2	0,075	49,5	765	131	700	2050
3	0,0785	44,5	785	128	700	1510
4	0,13	45,5	1310	0765	1100	2055
5	0,203	40	1770	0565	1450	1945
6	0,224	37,5	1850	054	1500	2065
7	0,31	34	2300	0435	1800	2190
8	0,381	35	2720	036	2040	2200
9	0,513	29,5	3350	030	2350	2425
10	0,611	28,5	3900	026	2560	2710
11	0,642	31	4000	025	2650	2765
12	0,814	26	4750	021	2950	2790
13	0,997	26,5	5600	018	3200	3250
14	1,23	24,2	6450	0155	3500	3370
15	1,34	26	7000	0143	3650	3610
16	1,71	22,5	8700	0115	4100	3940
17	1,84	22,5	9250	0,000108	4200	4165
33	0,321	19	1760	0,00057	1430	1315
34	0,413	18	2150	46	1700	1540
35	0,503	18	2500	40	1890	1875
36	0,776	17	3500	285	2400	2340
37	0,968	16	4250	235	2750	2650
38	0,973	16	4250	235	2750	2560
39	1,128	16	4700	215	2900	2935
40	1,356	16	5500	182	3200	3190
41	1,454	16	5850	0,000171	3500	3295

$t_f =$ mittlere Flüssigkeitstemperatur, berechnet mit Tabelle 3.

$$\alpha_2 = 2920\, f_d\, (1 + 0,014\, t_m)\, w^{0,8}, \quad \text{worin } t_m = \frac{t_{\text{Wand}} + t_f}{2},$$

$$\frac{1}{k} = \frac{1}{\alpha_1} + \frac{1}{\alpha_2} + \frac{\delta}{\lambda}, \quad \text{worin } \alpha_1 = 10\,000 \text{ und } \frac{\delta}{\lambda} = \frac{0,0025}{80} = 0,00003 \text{ ist.}$$

Bei der freien Strömung von Wasser um Röhren kann der Einfluß der Wassertemperatur auf die Wärmeübergangszahlen nach Tabelle 20 berechnet werden.

Elektrische Erwärmung.

Die Erzeugung von Wärme durch Elektrizität für Raumheizung, Kochen, Schmelzen, Dampferzeugung, Wärmespeicher, Eisen- und Stahlgewinnung usw. finden eine immer größere Verbreitung.

Wenn ein elektrischer Strom J (in Ampere) in einer Leitung die elektromotorische Kraft E (in Volt) verbraucht, so ist die in der Zeit z Stunden dadurch entwickelte Wärme:

$$Q = 0{,}86\,J E z \text{ kcal} \quad \ldots \ldots \ldots \ldots \quad (39)$$

Ist an Stelle von J oder E der Widerstand W (in Ohm) gegeben, so ist mit $J = \dfrac{E}{W}$

$$Q = 0{,}86\,W J^2 z \text{ kcal} \quad \ldots \ldots \ldots \quad (39\,\text{a})$$

oder

$$Q = 0{,}86\,\frac{E^2}{W}\, z \text{ kcal} \quad \ldots \ldots \ldots \quad (39\,\text{b})$$

Der Widerstand W einer Leitung $W = \omega\,\dfrac{l}{q}$,

darin ist $\;l = $ Länge in m,

$\quad\quad q = $ Querschnitt in qmm,

$\quad\quad \omega = $ spezifischer Leitungswiderstand, abhängig vom Stoffe und von der Temperatur des Leiters.

Nach dem Gesetze von Wiedemann und Franz ist die elektrische Leitfähigkeit annähernd der Wärmeleitfähigkeit proportional, doch ist ihre Abhängigkeit von der Temperatur bedeutender und ist sie auch viel empfindlicher gegen irgendwelche Beimischungen fremder Stoffe als die Wärmeleitfähigkeit.

Allgemein wird also durch einen Widerstand die Umsetzung elektrischer Energie in Wärme vermittelt; dieser Widerstand kann fest, flüssig oder gasförmig sein. Im letzten Falle bildet sich ein Lichtbogen. Je nach der Ausführungsart ist folgende prinzipielle Unterscheidung zu machen:

1. Die zu erhitzende Substanz ist selbst als Leitungswiderstand in den Stromkreis eingeschaltet (direkte Erhitzung).
2. Die zu erhitzende Substanz befindet sich mit einem elektrisch geheizten Widerstand in Berührung (indirekte Erhitzung).

Im ersten Falle haben wir eine direkte Umsetzung von Energie in Wärme, während im zweiten Falle die verschiedenen Gesetze der Wärmeübertragung berücksichtigt werden müssen.

Durch Änderung der Größen J, E und W in Gleichung (39) haben wir es vollständig in der Hand, in einem gegebenen Raum in kürzester Zeit jede beliebige Wärmemenge zu konzentrieren. Aber das genügt noch nicht immer, da z. B. für eine Änderung des Aggregatzustandes (Verdampfen, Schmelzen) immer auch eine bestimmte Minimaltemperatur erzeugt werden muß.

Haben wir nun irgendeinen Körper, dessen Anfangstemperatur t_a auch die Temperatur der Umgebung ist, so ist die in der Zeit dz darin erzeugte Wärme

$$dQ = 0{,}86\,J^2 W d z.$$

Diese Wärme wird teilweise zur Erwärmung des Körpers gebraucht, während ein anderer Teil an die Umgebung abgegeben wird. Sei nun

$\quad t = $ Temperatur des Körpers zur Zeit z,

$\quad t_a = $ Temperatur der Umgebung,

$\quad c = $ die als unveränderlich angenommene spezifische Wärme des Körpers,

$O =$ seine Oberfläche,
$G =$ Gewicht des Körpers,
$\alpha =$ Wärmeübergangszahl,

so ist
$$G c\, dt = 0{,}86\, J^2 W\, dz - \alpha O\,(t - t_a)\, dz.$$

Der Widerstand W ist im allgemeinen von der Temperatur des Leiters abhängig.

$$W_t = W_a\{1 + 0{,}0004\,(t - t_a)\},$$

also

$$G c\, dt = 0{,}86\, J^2 W_a\, dz - (\alpha O - 0{,}86 \times 0{,}0004\, J^2 W_a)\,(t - t_a)\, dz.$$

Der Ausdruck $0{,}86 \times 0{,}0004\, J^2 W_a$ ist nun meist sehr klein und darf gegenüber αO vernachlässigt werden.

Wird zur Abkürzung

$$\frac{0{,}86\, J^2 W_a}{G c} = A \quad \text{und} \quad \frac{\alpha O}{G c} = B$$

gesetzt, so ist

$$dt = \{A - B\,(t - t_a)\}\, dz$$

oder integriert

$$-\frac{1}{B}\ln\{A - B\,(t - t_a)\} = Z + C.$$

Für $z = 0$ ist $t = t_a$, also

$$-\frac{1}{B}\ln(A - 0) = 0 + C,$$

oder

$$1 - \frac{B}{A}\,(t - t_a) = e^{-Bz}$$

und

$$t - t_a = \frac{A}{B}\,(1 - e^{-Bz}) \quad\ldots\ldots\ldots \quad (40)$$

Wird der stationäre Zustand abgewartet, dann ist

$$e^{-Bz} = 0 \quad \text{und} \quad t - t_a = \frac{A}{B}$$

oder

$$t - t_a = 0{,}86\,\frac{J^2 W}{\alpha O} \quad\ldots\ldots\ldots \quad (40\,\text{a})$$

Durch entsprechende Wahl von J, W, O und α kann also leicht jede gewünschte Temperatur erzielt werden, und durch diese Überlegung ist die indirekte elektrische Erwärmung auf die früher behandelten Gesetze der Wärmeübertragung zurückgeführt.

Gerade in dem Umstand, daß die elektrische Erwärmung es ermöglicht, jede gewünschte Temperatur und Wärmemenge zu jeder Zeit und fast ohne Verluste an jeder beliebigen Stelle zu erzeugen, liegt der große Vorteil der elektrischen Heizung.

Die Gleichungen (40) und (40a) sind abgeleitet unter der stillschweigenden Voraussetzung, daß $t_a =$ die Temperatur der Umgebung unveränderlich ist. Das trifft z. B. zu, wenn der Widerstand durch Luft umgeben ist, darf aber nicht mehr angenommen werden, wenn es sich um Wassererwärmung handelt. In diesem Fall ist es dann wichtiger, die veränderlichen Wassertemperaturen t_1 an Stelle der Temperatur t des Leiters zu berechnen.

Sei G_1 die Flüssigkeitsmenge, welche erwärmt werden soll, und c_1 deren spezifische Wärme, dann ist die Differentialgleichung in diesem Fall:

$$G_1 c_1 \, d t_1 = \{\alpha O (t - t_1) - k F (t_1 - t_a)\} \, dz,$$

denn die zur Erwärmung der Flüssigkeit zur Verfügung stehende Wärme ist gleich der vom Widerstand abgegebene Wärme abzüglich der Wärme, welche die Flüssigkeit wieder an die Umgebung abgibt.

Nach Gleichung (40) ist

$$t - t_1 = \frac{0{,}86 \, J^2 W}{\alpha O} \, (1 - e^{-Bz}),$$

so daß $\quad G_1 c_1 \, d t_1 = \{0{,}86 \, J^2 W (1 - e^{-Bz}) - k F (t_1 - t_a)\} \, dz.$

Im Vergleich mit der Flüssigkeitsmenge, welche erwärmt werden soll, hat der Widerstand meist geringes Gewicht und auch kleinere spezifische Wärme, und da $e^{-7} = 0{,}001$ ist, kann in dieser Gleichung

$$e^{-Bz} = e^{-\frac{\alpha O}{G c}} < 0{,}001$$

meist vernachlässigt werden. Dadurch vereinfacht sich die Differentialgleichung zu

$$G_1 c_1 \, d t_1 = \{0{,}86 \, J^2 W - k F (t_1 - t_a)\} \, dz,$$

$$dz = \frac{G_1 c_1 \, d t_1}{0{,}86 \, J^2 W - k F (t_1 - t_a)},$$

$$Z = - \frac{G_1 c_1}{k F} \ln \{0{,}86 \, J^2 W - k F (t_1 - t_a)\} + C,$$

für $z = 0$, $t_1 = t_a$

$$O = \frac{G_1 c_1}{k F} \ln (0{,}86 \, J^2 W) \qquad\qquad - C,$$
$$\rule{8cm}{0.4pt} +$$
$$Z = \frac{G_1 c_1}{k F} \ln \frac{0{,}86 \, J^2 W}{0{,}86 \, J^2 W - k F (t_1 - t_a)},$$

oder $\quad t_1 - t_a = \dfrac{0{,}86 \, J^2 W}{k F} \left(1 - e^{-\frac{k F}{G_1 c_1} z}\right) \quad \ldots \ldots \ldots \quad (41)$

Ist der stationäre Zustand erreicht $(z = \infty)$, dann wird

$$(t_1 - t_a)_{\max} = \frac{0{,}86 \, J^2 W}{k F} \quad \ldots \ldots \quad (41\,\mathrm{a})$$

Beispiel 22.

Ein Warmwasserspeicher hat 26,65 Liter Inhalt. Wie lange dauert es, bis das Wasser eine Temperatur von 110° C erreicht hat, wenn er elektrisch durch 264, 179 resp. 88,5 Watt per Stunde geheizt wird, und wenn die Temperatur der Umgebung durchschnittlich 15° C ist[1]).

Da die Art der Isolierung bei den Versuchen nicht angegeben ist, kann die Wärmedurchgangszahl nur durch einen Abkühlungsversuch bestimmt werden. In Beispiel 10 ist nun schon darauf hingewiesen, daß durch die in der Isolie-

---

[1]) Mitteilungen über Forschungsarbeiten Heft 214, S. 17.

rung aufgespeicherte Wärme das Rechnungsresultat beeinflußt wird. Der Einfluß dieser Wärme ist prozentual um so größer, je kleiner der Wasserinhalt des Speichers selbst ist. Bei diesem kleinen Speicher sind also verhältnismäßig große Abweichungen von der Rechnung zu erwarten, und zwar wird $\mu k F$ in Wirklichkeit größer sein als aus der Gleichung (18) beim Abkühlungsversuch berechnet wird. Umgekehrt werden bei der Erwärmung die aus Gleichung (41a) berechneten Temperaturen tatsächlich etwas kleiner sein.

Abkühlungsversuch:

Zur Zeit $\qquad z = 0, \qquad t_1 = 120^0\,\mathrm{C}, \qquad t_a = 15^0\,\mathrm{C}.$
$\qquad\qquad\qquad z = 3{,}05, \qquad\quad = 102^0\,\mathrm{C}.$

Aus Gleichung (18) folgt

$$\mu k F z = \ln \frac{\tau_a}{\tau_e} = \ln \frac{105}{97} = \ln 1{,}1 = 0{,}095,$$

$$\mu k F = \frac{0{,}095}{3{,}05} = 0{,}031.$$

Da, wie oben erwähnt, $\mu k F$ tatsächlich etwas größer sein wird als aus dieser Rechnung folgt, sei $\mu k F = 0{,}035$ angenommen, und weil $\dfrac{1}{\mu} = 26{,}65$ ist, wird $k F = 0{,}93$.

Für die Erwärmung gilt nun nach Gleichung (41)

$$t_1 - t_a = \frac{0{,}86\, J^2 W}{k F}\,(1 - e^{-0{,}035\,z}).$$

$$\ln \frac{1}{1 - (t_1 - t_a)\,\dfrac{k F}{0{,}86\, J^2 W}} = 0{,}035\,z.$$

Mit $t_1 = 110^0\,\mathrm{C}$, $t_a = 15^0$ und $k F = 0{,}93$ wird

$$\ln \frac{1}{1 - \dfrac{102}{J^2 W}} = 0{,}035\,z.$$

Für $J^2 W = 264$ Watt $\quad 0{,}035\,z = 0{,}4886$ oder $z = 14$ Stunden
$\qquad\qquad\qquad\qquad\qquad\qquad\qquad\qquad$ (gemessen 14,2 St.),
$\qquad\quad 179 \quad\text{„} \quad 0{,}035\,z = 0{,}8416 \quad\text{„} \quad z = 23$ Stunden
$\qquad\qquad\qquad\qquad\qquad\qquad\qquad\qquad$ (gemessen 25 St.),
$\qquad\quad 88{,}5 \quad\text{„} \quad 0{,}035\,z = \ln$ negative Zahl oder z unmöglich,

d. h. die Temperatur von $110^0\,\mathrm{C}$ kann hier **nicht** erreicht werden. In diesem Fall ist die Temperatur nach 67 Stunden

$$t_a = t_1 + \frac{0{,}86\, J^2 W}{k F}\,(1 - c^{-2{,}24}) = 89^0\,\mathrm{C}\ \text{(gemessen } 87{,}9^0\,\mathrm{C})$$

und die maximal erreichbare Temperatur

$$(t_a)_{\mathrm{max}} = t_1 + \frac{0{,}86\, J^2 W}{k F} = 15 + 82 = 97^0\,\mathrm{C}.$$

Die Grundgesetze der Wärmeleitung und des Wärmeüberganges. Ein Lehrbuch für Praxis und technische Forschung. Von Oberingenieur Dr.-Ing. **Heinrich Gröber.** Mit 78 Textfiguren. 1921.
Preis M. 46,—; gebunden M. 53,—.

Der Einfluß der rückgewinnbaren Verlustwärme des Hochdruckteils auf den Dampfverbrauch der Dampf-Turbinen. Von Dipl.-Ing. **Georg Forner.** Mit 10 Textabbildungen und 8 Zahlentafeln. Erscheint im Februar 1922.

Die Grundgesetze der Wärmeleitung und ihre Anwendung auf plattenförmige Körper. Von Ing. **Fr. Krauss.** Mit 37 Textfiguren. 1917.
Preis M. 2,80.

Die Grundgesetze der Wärmestrahlung und ihre Anwendung auf Dampfkessel mit Innenfeuerung. Von Ing. **M. Gerbel.** Mit 26 Textfiguren. 1917.
Preis M. 2,40.

Ökonomik der Wärmeenergien. Eine Studie über Kraftgewinnung und -verwendung in der Volkswirtschaft. Von Dipl.-Ing. Dr. **K. B. Schmidt.** Mit 12 Textfiguren. 1911.
Preis M. 6,—.

Technische Thermodynamik. Von Prof. Dipl.-Ing. **W. Schüle.**

Erster Band: **Die für den Maschinenbau wichtigsten Lehren nebst technischen Anwendungen.** Vierte, neu bearbeitete Auflage. Mit 225 Textfiguren und 7 Tafeln. 1921. Gebunden Preis M. 105,—.

Zweiter Band: **Höhere Thermodynamik** mit Einschluß der chemischen Zustandsänderungen nebst ausgewählten Abschnitten aus dem Gesamtgebiet der technischen Anwendungen. Dritte, erweiterte Auflage. Mit 202 Textfiguren und 4 Tafeln. 1920. Gebunden Preis M. 75,—.

Leitfaden der Technischen Wärmemechanik. Kurzes Lehrbuch der Mechanik der Gase und Dämpfe und der mechanischen Wärmelehre. Von Professor Dipl.-Ing. **W. Schüle.** Dritte, verbesserte Auflage. Mit 93 Textfiguren und 3 Tafeln. 1922. Preis M. 33,—.

Technische Wärmelehre der Gase und Dämpfe. Eine Einführung für Ingenieure und Studierende. Von **Franz Seufert,** Oberingenieur und Studienrat an der Höheren Maschinenbauschule in Stettin. Zweite, verbesserte Auflage. Mit 26 Abbildungen und 5 Zahlentafeln. 1921.
Preis M. 11,—.

Verbrennungslehre und Feuerungstechnik. Von Studienrat Oberingenieur **Franz Seufert.** Mit 19 Abbildungen, 15 Zahlentafeln und vielen Berechnungsbeispielen. 1921.
Preis M. 15,—.